# 视觉专注力家庭训练课

陶俊　编著

民主与建设出版社

·北京·

© 民主与建设出版社，2025

图书在版编目（CIP）数据

视觉专注力家庭训练课 / 陶俊编著. -- 北京：民主与建设出版社，2025.1. -- ISBN 978-7-5139-4833-3

Ⅰ. B842.3

中国国家版本馆 CIP 数据核字第 2024JH2912 号

## 视觉专注力家庭训练课

SHIJUE ZHUANZHULI JIATING XUNLIAN KE

| | |
|---|---|
| 编　　著 | 陶　俊 |
| 责任编辑 | 唐　睿 |
| 出版发行 | 民主与建设出版社有限责任公司 |
| 电　　话 | （010）59417749　59419778 |
| 社　　址 | 北京市朝阳区宏泰东街远洋万和南区伍号公馆4层 |
| 邮　　编 | 100102 |
| 印　　刷 | 扬州皓宇图文印刷有限公司 |
| 版　　次 | 2025年1月第1版 |
| 印　　次 | 2025年3月第1次印刷 |
| 开　　本 | 889毫米×1194毫米　　1/16 |
| 印　　张 | 12.75 |
| 字　　数 | 164千字 |
| 书　　号 | ISBN 978-7-5139-4833-3 |
| 定　　价 | 69.00元 |

注：如有印、装质量问题，请与出版社联系。

# 目录

## 视觉集中能力　001

### 初阶训练

玩法一　快读数字…… 004

玩法二　快读词语…… 006

玩法三　读拼音故事…… 009

### 进阶训练

玩法一　读倒写句子…… 014

玩法二　读倒写词语…… 016

玩法三　读倒写故事…… 018

## 视觉分辨能力　023

### 初阶训练

玩法一　圈出不同…… 026

玩法二　找出图形…… 028

玩法三　补充数字…… 031

玩法四　色彩来干扰…… 035

玩法五　图形来干扰…… 039

### 进阶训练

玩法一　连一连…… 042

玩法二　补充古诗…… 046

玩法三　四子相连…… 048

玩法四　色彩来干扰…… 053

### 高阶训练

玩法一　组合图形…… 056

玩法二　圈出反义词…… 058

## 视觉理解能力　061

### 训练方法

玩法一　组合词句…… 064

玩法二　辨别微表情…… 066

玩法三　看图讲故事…… 068

## 视觉记忆能力　075

### 初阶训练

玩法一　记车牌号…… 078

玩法二　图形记忆…… 080

玩法三　字母与数字…… 085

玩法四　短时记忆…… 086

进阶训练

玩法一　关联记忆 …… 087

玩法二　图形+颜色记忆 …… 089

## 视觉转移能力　　093

初阶训练

玩法一　算数加法计算 …… 096

玩法二　查漏补缺 …… 099

玩法三　按顺序连线 …… 103

玩法四　找出这根线 …… 107

玩法五　数字与字母相连 …… 110

进阶训练

玩法一　查漏补缺 …… 114

玩法二　近义词连线 …… 118

高阶训练

玩法一　算数减法计算 …… 121

玩法二　古诗连线 …… 124

## 视觉广度能力　　129

初阶训练

玩法一　视觉数数 …… 132

玩法二　诗词填空 …… 137

玩法三　数蛋糕 …… 139

进阶训练

玩法一　数数圣诞树 …… 144

玩法二　补充数字 …… 147

## 视觉追踪能力　　153

初阶训练

玩法一　扫视折线 …… 156

玩法二　连线追踪 …… 161

玩法三　数字追踪 …… 166

进阶训练

玩法一　迷宫追踪 …… 171

玩法二　扫视曲线 …… 174

玩法三　诗词追踪 …… 178

## 视觉协调能力　　185

训练方法

玩法一　字帖临摹 …… 188

玩法二　镜子卡画画 …… 194

玩法三　玩会小游戏 …… 197

# 视觉集中能力

解决的问题：上课走神，考试粗心，阅读、抄写时添字、漏字、串行现象
准备的材料：训练资料、笔、计时器

# 视觉集中能力　训练说明

孩子上课喜欢开小差,极易受外界干扰;或在阅读、抄写时,总出现添字、漏字、串行等现象。此外,孩子做事情只有三分钟热度,缺乏耐心和细致,这都是视觉集中能力欠佳的典型表现。

视觉集中训练,是主要针对眼睛和大脑意识协调能力的专项练习。通过将视力集中在某一点上的反复强化训练,引导孩子把肉眼所看到的影像转化为思维形象,进而引发孩子的思考和记忆,慢慢使得孩子保持头脑冷静、清晰和专一。

在有效的训练下,不仅能增强孩子的抗干扰能力,还能强化孩子视觉的深度和广度,让孩子在阅读和学习时看得更快、更多。

本训练课由易到难,可先完成初阶训练,再进行进阶训练。也可由孩子自行选择当天要训练的内容,建议每天训练时长不少于15分钟。

坚持训练,注意力提升看得见!

让我们和孩子一起成长,一起精彩!

# 初阶训练

## 玩法一 快读数字

**训练要求：** 请小朋友从左到右、从上到下、依次依序、**正确地读出每一组数字**。在读对的基础上加快速度，直到能清晰地读出每一组数字。

如果读错，请返回到这组的第一个数字重新开始，直到正确地读完一组训练内容后，再读下一组。

**训练目标：** 读错的次数越少、正确读完的时间越短越好。

### 训练一

16752　62398　54625　03746　54648　84341

96428　57820　85210　67352　37855　45661

65229　64219　74328　06190　69375　19068

### 训练二

56734　92302　67536　93007　63468　38474

68264　87490　92902　75643　90378　67578

89909　25433　43453　73902　02785　90374

### 训练三

89369　07846　46738　93647　25636　67457

73785 28292 06293 98746 47846 87856

46534 27394 55784 32673 78456 23423

## 训练四

90237 87883 64362 92029 73654 76545

52638 47378 78625 43549 92521 23368

19026 53583 37537 82902 38938 35648

## 训练五

784574 858959 585785 757858 930022 390389

378367 367423 728289 290290 289672 236736

737883 929056 432121 215467 833236 237292

010213 783562 890203 278356 235262 189210

## 训练六

647832 863784 239926 090216 783788 467641

788923 389220 674551 467458 623782 219213

589312 924524 788997 655434 894567 763253

383792 900208 936744 362900 274836 201840

视觉集中

**训练七**

447474　780123　284309　303726　254152　738499
505094　656567　856421　690213　694281　903744
658468　756238　974237　908120　902184　862337
827576　178168　921677　272998　290646　735672
358217　190919　026135　364567　366898　012152

**训练八**

649009　365782　936784　388434　795646　754555
459965　405035　565860　347436　051653　464355
367353　507353　535356　735546　356783　535683
568356　783567　859468　678356　738789　748758
467482　349230　230233　827848　391028　746829

## 玩法二　快读词语

**训练要求：** 请小朋友从第一个字开始，从左到右、从上到下、依次依序、**正确地读出每一组词语**。在读对的基础上加快速度，清晰地读出下列所有词语。在读的过程中，不要用手或笔指。

如果读错，请返回到这组的第一个词语重新开始，直到正确地读完一组训练内容后，再读下一组。

**训练目标：** 读错的次数越少、正确读完的时间越短越好。

## 训练一

和风细雨——雨打风吹——吹灰之力——力不从心——心急如火——
火冒三尺——尺有所短——短兵相接——接二连三——三教九流——
流水无情——情至意尽——尽善尽美——美中不足——足智多谋——
谋事在人——人定胜天——天作之合——合情合理——理屈词穷——
穷山恶水——水落石出——出神入化——化为乌有——有目共睹

## 训练二

单枪匹马——马到成功——功成名就——就地正法——法不责众——
众所周知——知书达礼——礼尚往来——来者不善——善始善终——
终身大事——事半功倍——倍道兼行——行成于思——思前想后——
后来居上——上下其手——手到擒来——来去无踪——踪迹皆无——
无坚不摧——摧枯拉朽——朽木不雕——雕梁画栋——栋梁之才

## 训练三

穿凿附会——会逢其适——适得其反——反璞(pú)归真——真知灼见——
见财起意——意气风发——发愤图强——强颜欢笑——笑口常开——
开门见山——山明水秀——秀外慧中——中原逐鹿——鹿死谁手——
手忙脚乱——乱箭穿心——心术不正——正大光明——明月清风——
风土人情——情同手足——足不出户——户告人晓——晓风残月——
月白风清——清新俊逸——逸趣横生——生生不息——息事宁人

## 训练四

一心一意——意味深长——长生不老——老实巴交——交相辉映——
映月读书——书香世家——家常便饭——饭来张口——口是心非——
非亲非故——故弄玄虚(xuán xū)——虚张声势——势如破竹——竹篮打水——
水中捞月——月黑风高——高抬贵手——手到擒来——来去自如——
如日中天——天长地久——久仰大名——名列前茅——茅塞顿开——
开卷有益——益寿延年——年轻力壮——壮志凌云——云淡风轻

## 训练五

一见钟情——情深似海——海阔天空——空前绝后——后继有人——
人才出众——众志成城——城狐社鼠——鼠目寸光——光天化日——
日久天长——长生不老——老当益壮——壮志凌云——云淡风轻——
轻声细语——语出惊人——人命关天——天罗地网——网开一面——
面目全非——非亲非故——故地重游(chóng)——游山玩水——水光山色——
色艺双全——全盘托出——出陈易新——新陈代谢——谢天谢地——
地利人和——和而不同——同心协力——力不从心——心直口快

## 训练六

一字千金——金枝玉叶——叶公好龙——龙马精神——神采飞扬——
扬眉吐气——气壮山河——河汾(fén)门下——下笔成章——章句之徒——
徒有虚名——名落孙山——山穷水尽——尽人皆知——知行合一

一柱擎天——天高气爽——爽然若失——失道寡助——助人为乐——
乐极生悲——悲喜交集——集思广益——益国利民——民穷财尽——
尽心竭力——力不从心——心猿意马——马到成功——功败垂成——
成千上万——万众一心——心高气傲——傲然挺立——立竿见影——
影只形单——单枪匹马——马上看花——花好月圆——圆首方足

## 玩法三　读拼音故事

**训练要求：** 请小朋友**正确地读出下面的拼音故事**，并回答问题。在读对的基础上加快速度，清晰地读出所有拼音，在读的过程中，不要用手或笔指。

如果读错，请返回到第一个拼音重新开始，直到正确地读完一组训练内容后，再读下一组。

**训练目标：** 读错的次数越少、问题的答案越接近、正确读完的时间越短越好。

### 训练一

#### 小男孩买醋

cóng qián, yǒu yí gè xiǎo nán hái, tā de míng zi jiào "xiǎo bù"。yǒu yì tiān, tā dào jiē shàng qù mǎi cù。mǎi le cù yǐ hòu, zài huí qù de lù shàng, xiǎo bù kàn dào yì zhī xiǎo bái tù。tā qù zhuī xiǎo bái tù。jié guǒ bù xiǎo xīn dǎ fān le cù, xiǎo bái tù yě pǎo yuǎn le!

简答题：1. 小男孩的名字叫什么？
2. 小男孩在回去的路上去追什么了？

### 训练二

#### 包粽子的老奶奶

zài yì tiáo qīng chè de hé liú biān, zhù zhe yí gè huì bāo zòng zi yòu xǐ huan jiǎng gù shi de lǎo nǎi nai。

xiǎo dòng wù men jīng cháng guò lái, biān chī zòng zi biān tīng lǎo nǎi nai jiǎng gù shi。

lǎo nǎi nai nián jì jiàn jiàn dà le, méi yǒu lì qi zài jiǎng gù shi, kě xiǎo dòng wù men yòu hěn xiǎng tīng gù shi。

lǎo nǎi nai xiǎng le xiǎng, jiù bǎ gù shi bāo jìn le zòng zi lǐ, shuí chī le zòng zi, shuí jiù huì jiǎng gù shi le。

简答题：1. 老奶奶为什么讲不了故事了？
2. 最后，老奶奶用了什么方法给大家讲故事？

### 训练三

#### 讨厌的野猪

zài yí piàn měi lì de sēn lín lǐ, zhù zhe yì qún kāi xīn

de dòng wù。tā men hù xiāng bāng zhù，měi tiān kuài lè de shēng huó。

yǒu yì tiān，sēn lín tū rán lái le yì zhī yě zhū。yě zhū bù jǐn hào chī lǎn zuò，hái jīng cháng qī fu bǐ tā ruò xiǎo de dòng wù。

jīng cháng bèi qī fu de xiǎo hóu zi hé méi huā lù nán yǐ rěn shòu，jiù qù xiàng lǎo hǔ hé shī zi qiú zhù。

lǎo hǔ hé shī zi hé lì jiāng yě zhū gǎn chū sēn lín，sēn lín yòu huī fù le wǎng rì de huān lè。

简答题：1. 森林里的哪个动物好吃懒做？
2. 最后是谁将野猪赶出了森林？

### 训练四

## 种树的老爷爷

lǎo yé ye duō nián qián zhòng de xiǎo shù miáo zhǎng chéng le yì kē dà huái shù，tā měi tiān dōu huì zài shù dǐ xia chéng liáng。yǒu yì tiān，lǎo yé ye què méi yǒu lái chéng liáng。

shù shàng de chán ér shuō："zhī dào ma，zhī dào ma，zhòng shù de lǎo yé ye shēng bìng le。"shù xià de é mā ma shuō:"lǎo yé ye zhòng shù gěi dà jiā chéng liáng, wǒ men gāi qù kàn kan tā ya!"yú shì dòng wù men jié bàn gǎn dào le yī yuàn。qīng wā gěi lǎo yé ye chàng gē, xiǎo gǒu gěi lǎo yé ye jiǎng gù shi, xiǎo zhū gěi lǎo yé ye cǎi le yí shù yě huā。

lǎo yé ye hǎo kāi xīn a! lǎo yé ye gěi dà jiā dài lái yí piàn lǜ yīn, dà jiā gěi lǎo yé ye sòng qù yí fèn ài xīn, zhēn hǎo!

简答题:1.老爷爷种的是什么树?
2.小狗为老爷爷做了什么?

### 训练五

## 小熊和小松鼠

xiǎo sōng shǔ zǒng shì xiàng xiǎo xióng tǎo fēng mì chī。dōng tiān lái lín zhī qián, xiǎo xióng gěi le xiǎo sōng shǔ yì zhěng guàn fēng mì。xiǎo sōng shǔ shuō:"xiè xie nǐ。"rán hòu jiù bèng bèng tiào tiào de zǒu le。xiǎo xióng hān hān de xiào le xiào, dǎ le yí gè hā qian, shuì zháo le。

dōng mián jié shù hòu, xiǎo xióng shēn le yí gè hěn cháng de lǎn yāo。tā tū rán kàn dào shù dòng mén kǒu duī mǎn le lì zi。xiǎo xióng náo le náo tóu,"wǒ bù chī lì zi"。bú guò,tā hái shi hěn kāi xīn de xiào le。

简答题：1. 小熊送给了小松鼠什么礼物？
　　　　2. 小松鼠送给了小熊什么礼物？

**训练六**

## 用途

zài dòng wù yuán lǐ de xiǎo luò tuo wèn mā ma:"mā ma mā ma,wèi shén me wǒ men de jié máo nà me de cháng？"

luò tuo mā ma shuō:"dāng fēng shā lái de shí hou,cháng cháng de jié máo kě yǐ ràng wǒ men zài fēng shā zhōng yī rán néng kàn de dào fāng xiàng。"

xiǎo luò tuo yòu wèn:"mā ma mā ma,wèi shén me wǒ men de bèi nà me tuó,chǒu sǐ le！"

luò tuo mā ma shuō:"zhè ge jiào tuó fēng,kě yǐ bāng zhù wǒ men chǔ cún dà liàng de shuǐ hé yǎng fèn,ràng wǒ men néng zài shā mò lǐ dù guò shí jǐ gè wú shuǐ wú shí de rì zi。"

xiǎo luò tuo yòu wèn:"mā ma mā ma, wèi shén me wǒ men de jiǎo zhǎng nà me hòu?"

luò tuo mā ma shuō:"hòu hòu de jiǎo zhǎng kě yǐ ràng wǒ men zhòng zhòng de shēn zi bú zhì yú xiàn zài ruǎn ruǎn de shā zi lǐ, biàn yú cháng tú bá shè ya。"

xiǎo luò tuo gāo xìng huài le:"wā, yuán lái wǒ men zhè me yǒu yòng a!"

简答题：1. 为什么小骆驼的睫毛那么长？
2. 为什么小骆驼的脚掌那么厚？

# 进阶训练

## 玩法一 读倒写句子

**训练要求：** 下列句子中字词的顺序都是倒过来的，请小朋友从左到右、从上到下、依次依序、**正确地读出每一组倒写的句子**。在读对的基础上加快速度，清晰地读出所有倒写的句子。在读的过程中，不要用手或笔指。

如果读错，请返回到这组训练的第一个字重新开始，直到正确地读完一组训练内容后，再读下一组。

在读的过程中，需要小朋友专注地读出每一个字，不用在意句子的意思哦！

**训练目标：** 读错的次数越少、正确读完的时间越短越好。

**训练一**

云白天蓝欢喜我

天期星是天今说师老

家奶奶去起一爸爸和我天今

玉小叫字名的起鱼小的家我给我

**训练二**

节季的收丰是天秋说爷爷

雪大下会就上马了到天冬
　　　　　　　le

阳太的钟点九八上早是们我说席主毛

瓜西吃起一友朋小和候时的天夏欢喜我

**训练三**

白小叫字名的咪猫小

笔珠圆支一买市超去要我

吃好别特肉烧红的做妈妈

了完做业作庭家把要就上马我
　le

**训练四**

天冬的雪下欢喜别特我

015

脸洗和服衣穿己自以可我

卜萝胡是物食的吃爱最兔白小

呼招打动主要师老到见校学在

## 训练五

师教民人的秀优分十位一是公外的我

《记学上圈小米》是书的看欢喜最我

子日的心开最我是天一这节童儿一六

业作庭家成完动主己自会都我家回学放天每

## 训练六

友朋的好要最我是妈妈

我了(le)扬表而类分圾垃会我为因师老天昨

球足踢下楼到爸爸跟会都我上晚天每

子丸肉的做妈妈她了(le)吃家月秋王去天今我

游春去学同班全织组会就师老，雨下不天明果如

## 玩法二　读倒写词语

**训练要求：** 下面的词语接龙，词语的文字顺序都是倒过来的，请小朋友从第一个字开始，从左到右、正确地读出每一个倒写的词语。在读对的基础

上加快速度，**清晰地读出下列所有倒写的词语接龙**。在读的过程中，不要用手或笔指。

如果读错，请返回到这组训练的第一个字重新开始，直到正确地读完一组训练内容后，再读下一组。

读完后，不了解的词语可以自主学习一下哦！

**训练目标**：读错的次数越少、正确读完的时间越短越好。

## 训练一 进阶

共与死生——生风笑谈——谈常生老——老不生长(cháng)——长(cháng)话来说——

说途听道——道是头头——头回子浪——浪破风乘——乘可机有——

有乌虚子——子骄之天——天登步一——一不行言——言不无知——

知皆人众——众成人三——三反一举——举易而轻——轻若重举

## 训练二 进阶

及莫悔后——后裕(yù)前光——光之家邦——邦安国定——定注中命——

命由天听——听耸(sǒng)言危——危之夕旦——旦达宵(xiāo)通——通不泄水——

水若善上——上居来后——后绝前空——空天阔海——海人山人——

人思物睹——睹共目有——有乌虚子——子余无目——目贱耳贵——

贵富华荣——荣尊富安——安平报竹——竹成有胸——胸于然了(liǎo)

## 训练三 进阶

丽日和风——风生阁(gé)台——台歌榭(xiè)舞——舞凤飞龙——龙好公叶——

叶添枝加——加相语恶——恶作非为(wéi)——为(wéi)无净清——清风明月

视觉集中

月累年长——长深味意——意如祥吉——吉大门关——关相息息——
息生养休——休罢不誓——誓海盟山——山泰如安——安不荡动

### 训练四  进阶

动一机灵——灵地杰人——人有继后——后恐先争——争必秒分——
分群聚类——类别门分——分不非是——是求事实——实其副名——
名闻世举——举一此多——多成少众——众出才人——人无中目——
目瞩众万——万上千成——成老年少——少可不必——必不可大——
大正明光——光吉羽片——片一成打——打雨吹风——风春里十

## 玩法三  读倒写故事

**训练要求：** 下面故事中的每个段落的文字顺序都是倒过来的，请小朋友从第一个字开始，**正确地读出每一段倒写的故事。** 在读对的基础上加快速度清晰地读出下列所有倒写的文字。在读的过程中，不要用手或笔指。

　　如果读错，请返回本段的第一个字重新开始，直到正确地读完一段内容后，再读下一段。

　　在读的过程中，需要小朋友专注地读出每一个字，不用在意故事的意思哦！

**训练目标：** 读错的次数越少、正确读完的时间越短越好。

### 训练一  进阶

#### 小兔子当警察

　　。察警物动的秀优名一当是，想梦的她。可妮叫字名的她，兔白小的爱可只一有，里镇小物动个一在，前从

。智小狸狐的明聪有还，勇阿狼小、奔奔熊小如比，物动小的秀优她比多很有，里镇小个这，是可

。卜萝胡种里家在地心安够能可妮望希只们他，察警名一当能兔白小信相不都也妈妈、爸爸的可妮

。察警子兔名一的一唯上镇小了为成，想梦的她了现实可妮，天一有于终，力努的懈不过经。奋勤更、力努更都人有所比她！弃放有没可妮是可

## 训练二

### 自信的力量

。了信自够不得变始开，秀优利哈友朋好有没为因恩罗。爱喜的们学同受很也里校学在，秀优的分十利哈。友朋好对一是恩罗和利哈

。场上敢不而怕害为因就，前始开没还会动运在，恩罗的信自不，是可。会动运的办举校学加参要恩罗，天这

。成事想心够能就，"水药运幸"了喝要只，说恩罗跟"水药运幸"的他给送师老出拿利哈是于

。绩成好的名一第了得获队团为终最，害厉级超得变然果，后"水药运幸"了喝恩罗

这坦白说："我给你喝的只是普通的水而已。你其实是靠自己的能力获得的成功。相信自己的力量，相信你自己。"

哈利跟罗恩

### 训练三

**进阶**

## 小兔子找太阳

有一只可爱的小兔子听说，太阳是红红的圆圆的便要去找太阳。

小兔子焦急地喊："太阳，太阳在哪儿？"妈妈说："瞧，太阳只有一个，还会发光呢！"

小兔子抬起头，看见天上飘着红红的、圆圆的气球，妈妈问妈妈："这是太阳吗？"妈妈说："不，这是红气球"

小兔子来到菜园子里，看见三个红红的、圆圆的萝卜，妈妈问妈妈："这是太阳吗？"妈妈说："不，这是三个红萝卜在天上呢！"

它来到屋子里，提着两盏红红的、圆圆的灯笼问妈妈："妈妈，这是太阳吗？"妈妈说："不，这是两盏红灯笼，太阳在屋子外面呢！"

小兔子顺着妈妈手指的方向，抬起头，大声叫："妈妈，我找到了le 太阳红红的、圆圆的、亮亮的，照在身上暖洋洋的。"

# 小树叶和小蚂蚁

一天下午，小蚂蚁来到森林里找吃的，一不小心掉进了一个水坑里。小蚂蚁在水坑里直扑腾，吓得直喊"救命"。

小蚂蚁拼命伸长了手，可是，坑太深了，小蚂蚁怎么也够不着。

一片小树叶看见了，用力挣脱了树妈妈的手，飘到了水坑边，忙去救小蚂蚁。小树叶伸出手，急切地对小蚂蚁说："别怕，小蚂蚁，快抓住我的手，我把你拉上来"。小蚂蚁一把抓住了小树叶。它爬上了绳子，松了一口气："这下，我可有救了"

小蚂蚁看到了，赶紧用尽力气游过来，终于够着了绳子。小树叶一手抓住绳子的一头，一手用力把绳子抛进水坑。小树叶四处一看，连忙去找来一条绳子。

小蚂蚁非常感激，连声说："树叶大哥，谢谢你的救命之恩"。小树叶不好意思地说："不用谢，这是我应该做的，以后你出来可要小心一点"。

# 视觉分辨能力

解决的问题：容易混淆数字，相似的汉字、字母分不清，考试粗心、做事急躁

准备的材料：训练资料、笔、计时器

# 视觉分辨能力 训练说明

孩子在做题时，总是看漏关键词，且很难把相近的数字或文字区分开来，如把25写成52、把天看成大。此外，孩子遇到不会做的题目时会表现得很沮丧，甚至暴躁，缺乏挑战困难的信心和勇气，这些都是视觉分辨能力欠佳的典型表现。

视觉分辨能力的训练，是主要针对孩子视觉逻辑能力差、视觉成像能力弱的一种强化练习。通过对各类图形多维度的认知与辨识，训练孩子灵活运用双眼和大脑捕捉正确有效的信息。

在有效的训练下，孩子不仅能拥有良好的分辨能力，还能学会透过现象看到本质、处理复杂关系，为以后更高阶的学习打下良好基础。

本训练课由易到难，可先完成初阶训练，再进行进阶训练。也可由孩子自行选择当天要训练的内容，建议每天训练时长不少于15分钟。

坚持训练，注意力提升看得见！

让我们和孩子一起成长，一起精彩！

# 初阶训练

## 玩法一　圈出不同

**训练要求：** 下面每一组数字的横线两边，都有相同的数字和不同的数字，请从左到右、从上到下、依次依序、**快速地找出横线两边对应位置上不同的数字**，并用笔把它圈出来。

**训练目标：** 错误的次数越少、完成的时间越短越好。

**训练例题：** ⑦8—⑨8

　　说明：横线两边相同的数字是8，不同的数字是7和9，快速找到并圈出7和9。

### 训练一

65—62　　21—71　　23—28　　34—84　　67—37

71—91　　35—65　　69—39　　57—52　　35—15

13—17　　46—26　　58—38　　73—72　　89—39

30—60　　09—89　　21—27　　52—22　　49—59

87—27　　18—13　　45—25　　69—60　　70—30

11—91　　66—68　　93—97　　21—51　　18—98

### 训练二

665—625　　217—717　　233—238　　344—844　　574—564

171—191　　365—665　　669—369　　527—522　　257—357

652—622　　221—271　　233—283　　334—384　　954—934

视觉分辨

030—060　809—889　211—217　552—252　257—657
827—227　118—113　445—245　609—600　842—892
119—919　686—688　793—797　521—551　996—906

### 训练三

8868—6868　4774—4714　3888—3838　6996—6696

2552—2252　1947—4947　2457—5457　3963—3969

1719—1779　8808—3808　3232—3332　6179—9179

5710—5110　3765—3795　4114—4144　5121—2121

7369—7869　1291—2291　6566—6560　1763—1793

6789—6769　9631—9633　5543—5443　9347—9341

### 训练四

1347—1847　2552—2852　3490—3790　0717—6717

9834—3834　5983—5989　0837—0337　1973—1971

6402—6202　8642—8682　6883—6833　3383—8383

2727—2227　6349—6849　9969—9669　1638—7638

9739—3739　2830—2880　9060—6060　2713—2773

5023—5033　7208—7708　6445—6645　9368—6368

视觉分辨

视觉分辨

### 训练五

56327—56237　84282—82482　92404—92424　98904—98094

67867—67687　67324—67234　87923—89723　03900—09300

23083—23803　24984—29484　76456—76546　46754—46745

78482—78284　74896—76894　56367—56637　23838—28338

94563—93456　92180—92108　89286—89628　23672—32672

36356—36366　73563—73653　78213—18723　83900—89300

### 训练六

67347—76347　82392—82329　34768—37468　92389—82399

23890—32890　92902—29202　78423—78234　22013—22103

32893—32398　26743—24763　65456—54456　74338—34738

01378—10378　67456—64556　92320—90320　12464—14264

09232—02932　03807—03307　47846—44846　74501—74051

84675—84567　49240—40240　23048—23408　75647—74567

## 玩法二　找出图形

**训练要求：** 下列图形中有很多相同的图形叠加在了一起，小朋友你能**准确地数出所有相同图形的数量吗？** 将你的答案写在对应的答题栏里吧！

**训练目标：** 在正确的基础上，完成的时间越短越好。

训练例题：

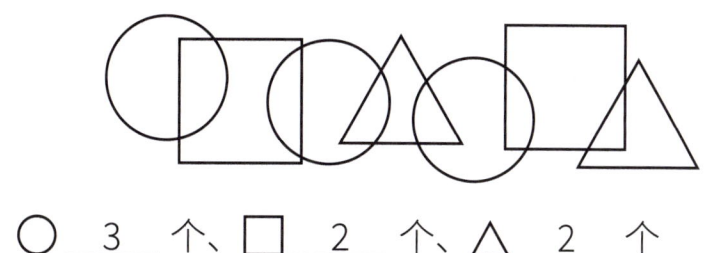

○ _3_ 个、□ _2_ 个、△ _2_ 个

**训练一**

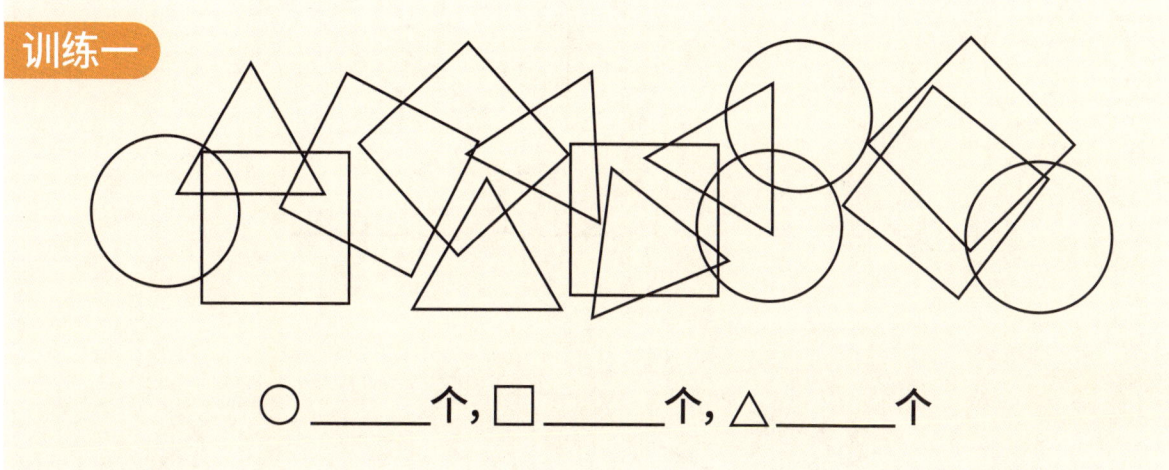

○ ____ 个，□ ____ 个，△ ____ 个

**训练二**

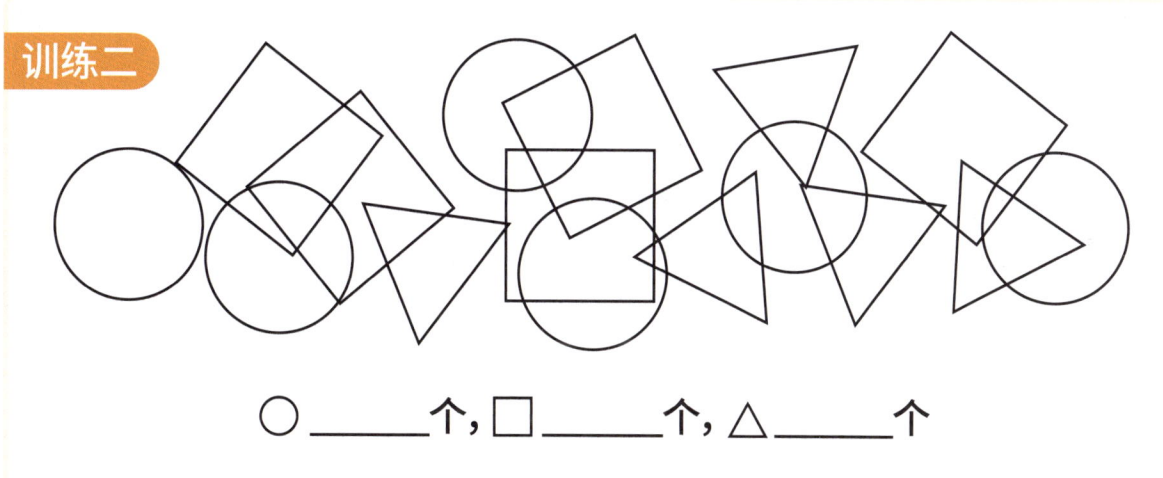

○ ____ 个，□ ____ 个，△ ____ 个

**训练三**

○ ____ 个，□ ____ 个，△ ____ 个

### 训练四

○＿＿个，□＿＿＿个，△＿＿＿个

### 训练五

○＿＿个，□＿＿＿个，△＿＿＿个，☆＿＿＿个

### 训练六

○＿＿个，□＿＿＿个，△＿＿＿个，☆＿＿＿个

## 玩法三  补充数字

**训练要求：** 下列方格中的数字是无序排列的，请小朋友**按照每个题目数字顺序的要求**，快速准确地读出数字，并且找出丢失的数字，写在空白的方格里。

**训练目标：** 错误的次数越少、完成的时间越短越好。

### 训练一

按1—16的数字顺序

| 2 | 10 | 8 | 4 |
|---|----|---|---|
| 12 | 15 | 13 | 7 |
| 6 | 9 | 1 | 16 |
|  |  |  |  |

| 4 | 14 | 16 | 7 |
|---|----|----|---|
| 11 | 1 | 6 | 9 |
| 8 | 15 | 12 | 3 |
|  |  |  |  |

### 训练二

按1—16的数字顺序

| 10 | 13 | 8 | 14 |
|----|----|---|----|
| 5 | 4 | 16 | 3 |
| 12 | 6 | 1 | 7 |
|  |  |  |  |

| 5 | 9 | 13 | 3 |
|---|---|----|---|
| 2 | 1 | 12 | 15 |
| 7 | 4 | 8 | 10 |
|  |  |  |  |

### 训练三

按1—25的数字顺序

| 6 | 13 | 24 | 2 | 22 |
|---|----|----|---|----|
| 16 | 11 | 21 | 19 | 9 |
| 25 | 18 | 23 | 5 | 14 |
| 1 | 8 | 17 | 10 | 4 |
|  |  |  |  |  |

| 8 | 15 | 24 | 20 | 3 |
|---|----|----|----|---|
| 13 | 23 | 5 | 17 | 10 |
| 25 | 1 | 21 | 12 | 22 |
| 18 | 6 | 9 | 16 | 4 |
|  |  |  |  |  |

## 训练四  按1—25的数字顺序

| 20 | 8 | 21 | 2 | 5 |
|----|---|----|---|---|
| 23 | 1 | 13 | 19 | 12 |
| 18 | 10 | 6 | 9 | 25 |
| 7 | 14 | 24 | 3 | 11 |
| | | | | |

| 17 | 8 | 12 | 25 | 4 |
|----|---|----|----|---|
| 11 | 22 | 9 | 6 | 15 |
| 19 | 1 | 24 | 18 | 5 |
| 7 | 10 | 21 | 14 | 2 |
| | | | | |

## 训练五  按1—36的数字顺序

| 15 | 9 | 11 | 31 | 26 | 4 |
|----|---|----|----|----|---|
| 19 | 13 | 30 | 16 | 2 | 20 |
| 24 | 1 | 10 | 36 | 23 | 35 |
| 6 | 18 | 33 | 14 | 29 | 5 |
| 12 | 22 | 3 | 27 | 8 | 25 |
| | | | | | |

| 16 | 25 | 33 | 26 | 3 | 17 |
|----|----|----|----|---|----|
| 24 | 1 | 7 | 18 | 35 | 6 |
| 4 | 27 | 10 | 32 | 12 | 30 |
| 13 | 36 | 19 | 5 | 28 | 20 |
| 2 | 11 | 22 | 23 | 8 | 15 |
| | | | | | |

## 训练六  按1—36的数字顺序

| 35 | 22 | 6 | 26 | 33 | 8 |
|----|----|---|----|----|---|
| 28 | 36 | 30 | 3 | 25 | 19 |
| 12 | 11 | 7 | 21 | 15 | 4 |
| 20 | 1 | 9 | 2 | 16 | 29 |
| 17 | 32 | 23 | 18 | 5 | 14 |
| | | | | | |

| 20 | 16 | 34 | 26 | 15 | 21 |
|----|----|----|----|----|----|
| 23 | 8 | 13 | 6 | 32 | 17 |
| 3 | 28 | 4 | 29 | 11 | 2 |
| 10 | 31 | 9 | 18 | 22 | 36 |
| 5 | 27 | 14 | 25 | 7 | 33 |
| | | | | | |

视觉分辨

## 训练七

按1—36的数字顺序

| 7 | 26 | 28 | 16 | 24 | 4 |
|---|----|----|----|----|---|
| 18 | 13 | 9 | 6 | 31 | 23 |
| 21 | 1 | 19 | 36 | 14 | 33 |
| 29 | 22 | 32 | 10 | 35 | 8 |
| 5 | 12 | 15 | 3 | 17 | 27 |
|   |    |    |    |    |   |

| 9 | 29 | 5 | 22 | 35 | 12 |
|---|----|---|----|----|----|
| 2 | 13 | 18 | 33 | 3 | 17 |
| 16 | 34 | 7 | 14 | 24 | 36 |
| 27 | 4 | 26 | 21 | 31 | 6 |
| 20 | 25 | 11 | 1 | 10 | 28 |
|   |    |    |    |    |    |

## 训练八

按1—36的数字顺序

| 15 | 7 | 26 | 10 | 19 | 12 |
|----|---|----|----|----|----|
| 2 | 11 | 35 | 20 | 3 | 22 |
| 23 | 34 | 24 | 31 | 5 | 33 |
| 28 | 9 | 30 | 1 | 36 | 16 |
| 4 | 29 | 13 | 25 | 18 | 8 |
|    |   |    |    |    |    |

| 14 | 3 | 18 | 23 | 10 | 12 |
|----|---|----|----|----|----|
| 21 | 16 | 36 | 6 | 32 | 28 |
| 5 | 33 | 20 | 29 | 25 | 35 |
| 17 | 11 | 26 | 7 | 30 | 4 |
| 9 | 22 | 1 | 15 | 27 | 34 |
|    |   |    |    |    |    |

视觉分辨

## 训练九

按36—1的数字顺序

| 2 | 31 | 19 | 36 | 34 | 9 |
|---|----|----|----|----|---|
| 10 | 18 | 6 | 17 | 21 | 35 |
| 26 | 1 | 20 | 32 | 12 | 25 |
| 15 | 27 | 13 | 23 | 29 | 5 |
| 7 | 11 | 30 | 14 | 3 | 22 |
|  |  |  |  |  |  |

| 9 | 33 | 16 | 25 | 30 | 7 |
|---|----|----|----|----|---|
| 21 | 11 | 23 | 1 | 15 | 17 |
| 2 | 28 | 13 | 27 | 5 | 36 |
| 34 | 8 | 31 | 10 | 24 | 19 |
| 18 | 22 | 35 | 4 | 29 | 12 |
|  |  |  |  |  |  |

## 训练十

按36—1的数字顺序

| 2 | 29 | 32 | 11 | 36 | 4 |
|---|----|----|----|----|---|
| 13 | 22 | 9 | 19 | 17 | 35 |
| 27 | 3 | 15 | 23 | 31 | 7 |
| 10 | 34 | 21 | 1 | 24 | 20 |
| 6 | 26 | 12 | 18 | 8 | 28 |
|  |  |  |  |  |  |

| 7 | 15 | 20 | 33 | 30 | 9 |
|---|----|----|----|----|---|
| 11 | 36 | 5 | 14 | 35 | 25 |
| 32 | 19 | 6 | 29 | 12 | 34 |
| 18 | 1 | 23 | 8 | 26 | 13 |
| 4 | 24 | 16 | 28 | 2 | 21 |
|  |  |  |  |  |  |

| 玩法四 | **色彩来干扰** |

**训练要求:** 请小朋友在下面的方格中,**找出与示例文字完全相同的字(包括字的颜色和文字本身)**,并用圆圈把它们圈出来哦!

**训练目标:** 正确率越高、完成的时间越短越好。

**训练例题:**

**训练一**

**训练二**

**训练三**

## 训练四

| 红 | 黄 | 蓝 | 绿 |
|---|---|---|---|

| 黄 | 绿 | 蓝 | 黄 | 红 |
|---|---|---|---|---|
| 绿 | 蓝 | 黄 | 蓝 | 绿 |
| 红 | 蓝 | 红 | 红 | 黄 |
| 蓝 | 蓝 | 黄 | 黄 | 蓝 |
| 红 | 绿 | 绿 | 红 | 绿 |

## 训练五

| 红 | 黄 | 蓝 | 绿 | 蓝 |
|---|---|---|---|---|

| 黄 | 红 | 黄 | 黄 | 绿 |
|---|---|---|---|---|
| 红 | 绿 | 蓝 | 蓝 | 红 |
| 黄 | 红 | 绿 | 黄 | 蓝 |
| 黄 | 黄 | 绿 | 蓝 | 红 |
| 蓝 | 绿 | 红 | 红 | 蓝 |

## 训练六

| 红 | 黄 | 蓝 | 绿 | 黄 |
|---|---|---|---|---|

| 黄 | 红 | 黄 | 黄 | 绿 |
|---|---|---|---|---|
| 红 | 绿 | 蓝 | 蓝 | 红 |
| 黄 | 红 | 绿 | 黄 | 蓝 |
| 黄 | 黄 | 绿 | 蓝 | 红 |
| 蓝 | 绿 | 红 | 红 | 蓝 |

## 训练七

| 红 | 红 | 黄 | 蓝 | 绿 | 黄 | 绿 |

| 蓝 | 红 | 黄 | 绿 | 红 | 绿 |
|---|---|---|---|---|---|
| 蓝 | 绿 | 黄 | 红 | 黄 | 蓝 |
| 红 | 黄 | 绿 | 绿 | 绿 | 绿 |
| 蓝 | 红 | 蓝 | 绿 | 红 | 黄 |
| 黄 | 蓝 | 红 | 黄 | 绿 | 蓝 |
| 红 | 黄 | 黄 | 蓝 | 蓝 | 红 |

## 训练八

| 红 | 黄 | 蓝 | 绿 | 红 | 黄 | 绿 |

| 红 | 蓝 | 绿 | 绿 | 蓝 | 绿 |
|---|---|---|---|---|---|
| 蓝 | 红 | 蓝 | 红 | 黄 | 绿 |
| 黄 | 黄 | 红 | 蓝 | 绿 | 蓝 |
| 绿 | 红 | 蓝 | 黄 | 黄 | 绿 |
| 红 | 蓝 | 黄 | 红 | 红 | 黄 |
| 蓝 | 绿 | 红 | 黄 | 黄 | 绿 |

视觉分辨

## 训练九

| 红 | 黄 | 绿 | 紫 | 蓝 | 黄 | 红 |
|---|---|---|---|---|---|---|

| 蓝 | 绿 | 蓝 | 绿 | 黄 | 绿 | 蓝 |
|---|---|---|---|---|---|---|
| 黄 | 蓝 | 绿 | 紫 | 红 | 绿 | 红 |
| 红 | 绿 | 红 | 绿 | 紫 | 红 | 紫 |
| 绿 | 红 | 蓝 | 黄 | 绿 | 蓝 | 黄 |
| 黄 | 紫 | 红 | 蓝 | 黄 | 蓝 | 红 |
| 蓝 | 黄 | 紫 | 绿 | 黄 | 紫 | 蓝 |
| 黄 | 紫 | 红 | 紫 | 黄 | 红 | 紫 |

## 训练十

| 红 | 黄 | 绿 | 蓝 | 紫 | 红 | 蓝 |
|---|---|---|---|---|---|---|

| 黄 | 紫 | 红 | 紫 | 绿 | 红 | 蓝 |
|---|---|---|---|---|---|---|
| 紫 | 绿 | 绿 | 蓝 | 紫 | 黄 | 紫 |
| 红 | 紫 | 红 | 绿 | 黄 | 红 | 蓝 |
| 蓝 | 绿 | 紫 | 黄 | 绿 | 绿 | 黄 |
| 红 | 蓝 | 黄 | 绿 | 红 | 黄 | 红 |
| 蓝 | 红 | 黄 | 紫 | 黄 | 蓝 | 绿 |
| 蓝 | 紫 | 红 | 蓝 | 黄 | 紫 | 蓝 |

视觉分辨

## 玩法五　图形来干扰

**训练要求：** 下列方格中的图形(字母/汉字)看起来很相似，**请准确地分辨出来，数出所有图形(字母/汉字)的正确数量**，只能用眼睛看，不可以用手或笔指，将你的答案填写在空白方格处吧!

**训练目标：** 正确率越高、完成的时间越短越好。

### 训练一

### 训练二

### 训练三

## 训练四

| 扬 | 杨 | 汤 | 场 | 肠 |
|---|---|---|---|---|
|  |  |  |  |  |

| 肠 | 汤 | 场 | 肠 | 汤 |
|---|---|---|---|---|
| 杨 | 肠 | 汤 | 杨 | 场 |
| 场 | 汤 | 杨 | 扬 | 场 |
| 肠 | 扬 | 肠 | 场 | 杨 |
| 杨 | 汤 | 杨 | 场 | 汤 |

## 训练五

| 饶 | 绕 | 浇 | 挠 | 烧 |
|---|---|---|---|---|
|  |  |  |  |  |

| 饶 | 烧 | 烧 | 绕 | 浇 |
|---|---|---|---|---|
| 浇 | 烧 | 烧 | 饶 | 饶 |
| 烧 | 绕 | 挠 | 烧 | 浇 |
| 烧 | 浇 | 饶 | 浇 | 绕 |
| 绕 | 浇 | 烧 | 挠 | 挠 |

## 训练六

| 土 | 王 | 士 | 干 | 千 | 于 |
|---|---|---|---|---|---|
|  |  |  |  |  |  |

| 土 | 千 | 于 | 千 | 土 | 干 |
|---|---|---|---|---|---|
| 于 | 干 | 干 | 千 | 王 | 士 |
| 千 | 王 | 士 | 王 | 土 | 千 |
| 于 | 王 | 土 | 士 | 士 | 于 |
| 干 | 于 | 千 | 王 | 干 | 于 |
| 王 | 土 | 士 | 干 | 千 | 士 |

## 训练七

| 烊 | 样 | 祥 | 烊 | 样 | 徉 |
|---|---|---|---|---|---|
| 详 | 详 | 烊 | 洋 | 祥 | 洋 |
| 洋 | 徉 | 洋 | 烊 | 徉 | 样 |
| 祥 | 样 | 详 | 徉 | 详 | 洋 |
| 徉 | 洋 | 烊 | 样 | 烊 | 详 |
| 烊 | 祥 | 样 | 洋 | 徉 | 烊 |

| 详 | 祥 | 样 | 洋 | 徉 | 烊 |
|---|---|---|---|---|---|
|   |   |   |   |   |   |

| 烊 | 样 | 烊 | 祥 | 徉 | 洋 |
|---|---|---|---|---|---|
| 洋 | 祥 | 烊 | 详 | 烊 | 样 |
| 详 | 洋 | 样 | 烊 | 徉 | 洋 |
| 洋 | 样 | 详 | 洋 | 祥 | 样 |
| 徉 | 样 | 徉 | 烊 | 样 | 烊 |
| 详 | 洋 | 烊 | 祥 | 徉 | 样 |

| 详 | 祥 | 样 | 洋 | 徉 | 烊 |
|---|---|---|---|---|---|
|   |   |   |   |   |   |

## 训练八

| 淹 | 庵 | 俺 | 奄 | 淹 | 俺 |
|---|---|---|---|---|---|
| 俺 | 掩 | 奄 | 庵 | 掩 | 腌 |
| 腌 | 庵 | 腌 | 淹 | 奄 | 掩 |
| 掩 | 腌 | 淹 | 掩 | 腌 | 俺 |
| 淹 | 掩 | 俺 | 庵 | 淹 | 庵 |
| 俺 | 庵 | 奄 | 掩 | 腌 | 淹 |

| 掩 | 淹 | 俺 | 庵 | 腌 | 奄 |
|---|---|---|---|---|---|
|   |   |   |   |   |   |

| 俺 | 奄 | 掩 | 淹 | 腌 | 奄 |
|---|---|---|---|---|---|
| 掩 | 奄 | 庵 | 奄 | 庵 | 淹 |
| 腌 | 淹 | 腌 | 掩 | 奄 | 奄 |
| 奄 | 腌 | 淹 | 奄 | 腌 | 俺 |
| 淹 | 掩 | 腌 | 庵 | 掩 | 奄 |
| 俺 | 庵 | 淹 | 腌 | 俺 | 庵 |

| 掩 | 淹 | 俺 | 庵 | 腌 | 奄 |
|---|---|---|---|---|---|
|   |   |   |   |   |   |

视觉分辨

# 进阶训练

## 玩法一　连一连

**训练要求：** 下列每组训练中，以不同的分割方式，将示例图形分成了两部分。**请你仔细观察，将可以拼成完整图形的两个部分，用铅笔连在一起。**

**训练目标：** 正确率越高、完成的时间越短越好。

**训练三** 示例图

**训练四** 示例图

**训练五** 示例图

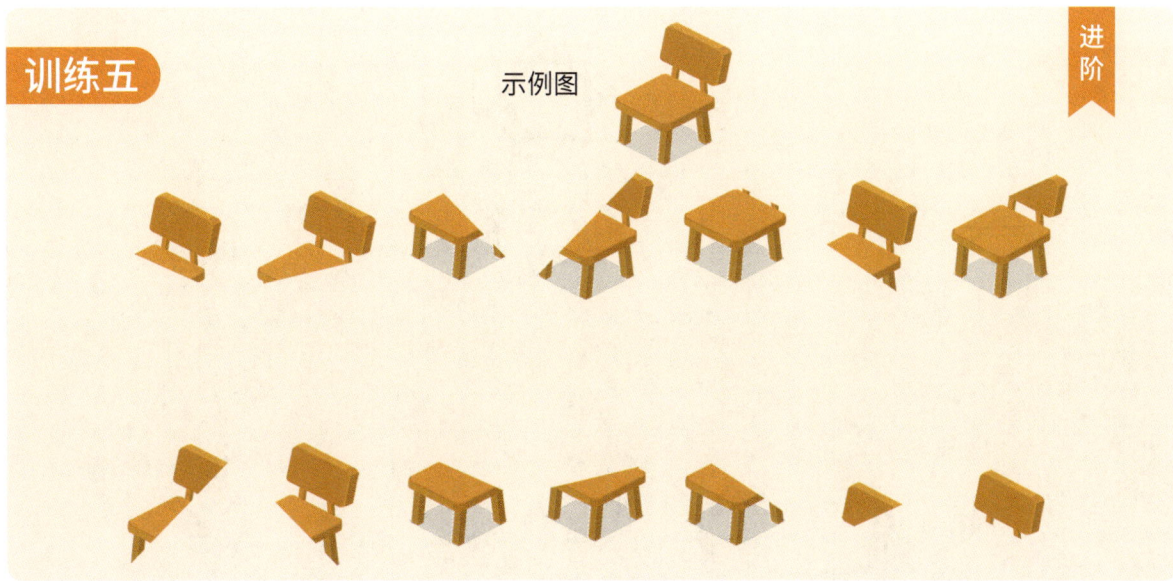

视觉分辨

## 训练九 进阶

示例图

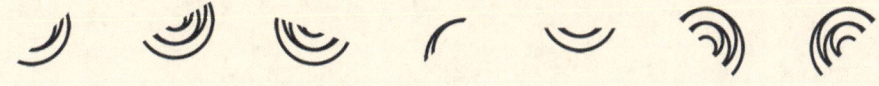

## 训练十 进阶

示例图

视觉分辨

## 玩法二 补充古诗

**训练要求：** 下列的古诗句，文字顺序被打乱且有遗漏，**请你按照正确的古诗，清晰地朗读出来，并且把遗漏的字补在方格里，使诗句完整。**

**训练目标：** 正确率越高、完成的时间越短越好。

### 训练一 〔进阶〕

好雨知时节，当春乃发生。——杜甫《春夜喜雨》

| 雨 | 时 | 好 | | 节 | 生 | | 发 | 当 | 乃 |

### 训练二 〔进阶〕

红豆生南国，春来发几枝。——王维《相思》

| 国 | 南 | 豆 | | 红 | 发 | 枝 | | 来 | 几 |

### 训练三 〔进阶〕

举头望明月，低头思故乡。——李白《静夜思》

| 月 | 头 | 举 | | 明 | 思 | | 头 | 乡 | 故 |

### 训练四 〔进阶〕

春种一粒粟，秋收万颗子。——李绅《悯农》

| 粟 | 种 | 春 | | 一 | 万 | 子 | | 秋 | 颗 |

### 训练五

明月松间照，清泉石上流。——王维《山居秋暝》

| 间 | 清 | 明 |  | 石 | 流 | 照 | 松 | 上 |  |

野旷天低树，江清月近人。——孟浩然《宿建德江》

| 旷 | 江 |  | 天 | 月 |  | 树 | 人 | 野 | 近 |

### 训练六

千山鸟飞绝，万径人踪灭。——柳宗元《江雪》

| 山 | 灭 | 绝 |  | 径 | 踪 | 千 |  | 飞 | 人 |

近乡情更怯，不敢问来人。——宋之问《渡汉江》

| 情 | 不 |  | 怯 |  | 问 | 来 | 乡 | 敢 | 更 |

### 训练七

墙角数枝梅，凌寒独自开。——王安石《梅花》

| 梅 | 墙 |  | 枝 | 角 | 寒 | 凌 | 自 |  | 开 |

众鸟高飞尽，孤云独去闲。——李白《独坐敬亭山》

| 飞 |  | 众 | 闲 | 独 |  | 尽 | 云 | 鸟 | 去 |

### 训练八

夜来风雨声，花落知多少。——孟浩然《春晓》

| 风 |  | 夜 | 落 |  | 少 | 雨 | 花 | 多 | 来 |

绿树村边合，青山郭外斜。——孟浩然《过故人庄》

| 山 | 绿 |  | 斜 | 合 | 外 |  | 村 | 青 | 边 |

## 训练九 进阶

只在此山中，云深不知处。——贾岛《寻隐者不遇》

| 在 | 云 |  | 只 | 不 | 处 | 山 | 知 | 中 |

不解藏踪迹，浮萍一道开。——白居易《池上》

| 藏 |  | 萍 | 不 | 一 | 开 | 道 | 解 | 迹 |  |

## 训练十 进阶

桃花潭水深千尺，不及汪伦送我情。——李白《赠汪伦》

| 尺 |  | 桃 | 我 | 及 | 水 | 千 | 花 |  | 深 | 送 | 不 |  | 汪 |

泉眼无声惜细流，树阴照水爱晴柔。——杨万里《小池》

| 无 |  | 泉 | 晴 | 树 | 细 | 爱 | 声 |  | 流 | 水 | 眼 |  | 照 |

## 玩法三　四子相连

**训练要求**：请小朋友用最快的速度，在下面的图形中，**找出上下、左右4个相邻的完全相同的图形，用铅笔画出长方形或者正方形将它们圈出来。**

**训练目标**：正确率越高、完成的时间越短越好。

**训练例题：**

**训练一** 进阶

**训练二** 进阶

视觉分辨

**训练三** 进阶

**训练四** 进阶

**训练五**

**训练六**

**训练七**

**训练八**

## 玩法四　色彩来干扰

**训练要求：** 方格中的文字，添加了色彩干扰的元素，请小朋友排除干扰，**按要求快速、准确地读出或找出相应的文字。** ①读出文字的颜色；②读出文字的意思；③用铅笔圈出字色与字意一致的文字。

**训练目标：** 正确率越高、完成的时间越短越好。

**训练例题：** 红 黄 蓝 绿 按颜色读：**蓝黄绿红**；②按字意读：**红黄蓝绿**；③用铅笔圈出字色与字意一致的文字：红 黄 蓝 绿 。

### 训练一（进阶）

| 蓝 | 黄 | 蓝 | 绿 |
|---|---|---|---|
| 红 | 黄 | 蓝 | 黄 |
| 绿 | 红 | 绿 | 绿 |
| 红 | 蓝 | 黄 | 红 |

### 训练二（进阶）

| 绿 | 黄 | 红 | 蓝 |
|---|---|---|---|
| 蓝 | 红 | 黄 | 绿 |
| 红 | 黄 | 绿 | 绿 |
| 蓝 | 蓝 | 黄 | 红 |

### 训练三（进阶）

| 黄 | 红 | 黄 | 蓝 | 红 |
|---|---|---|---|---|
| 红 | 黄 | 绿 | 红 | 蓝 |
| 绿 | 蓝 | 红 | 黄 | 绿 |
| 蓝 | 红 | 黄 | 蓝 | 绿 |
| 绿 | 绿 | 蓝 | 红 | 黄 |

视觉分辨

视觉分辨

## 训练四 〔进阶〕

| 黄 | 红 | 黄 | 蓝 | 绿 |
|---|---|---|---|---|
| 红 | 黄 | 绿 | 绿 | 红 |
| 蓝 | 绿 | 蓝 | 红 | 黄 |
| 黄 | 红 | 红 | 绿 | 蓝 |
| 蓝 | 绿 | 红 | 黄 | 蓝 |

## 训练五 〔进阶〕

| 蓝 | 黄 | 蓝 | 绿 |
|---|---|---|---|
| 红 | 黄 | 蓝 | 黄 |
| 绿 | 红 | 绿 | 绿 |
| 红 | 蓝 | 黄 | 红 |

## 训练六 〔进阶〕

| 绿 | 黄 | 红 | 蓝 |
|---|---|---|---|
| 蓝 | 红 | 黄 | 绿 |
| 红 | 黄 | 绿 | 绿 |
| 蓝 | 蓝 | 黄 | 红 |

## 训练七 〔进阶〕

| 黄 | 红 | 黄 | 蓝 | 红 |
|---|---|---|---|---|
| 红 | 黄 | 绿 | 红 | 蓝 |
| 绿 | 蓝 | 红 | 黄 | 绿 |
| 蓝 | 红 | 黄 | 蓝 | 绿 |
| 绿 | 绿 | 蓝 | 红 | 黄 |

## 训练八

| 黄 | 红 | 黄 | 蓝 | 绿 |
|---|---|---|---|---|
| 红 | 黄 | 绿 | 绿 | 红 |
| 蓝 | 绿 | 蓝 | 红 | 黄 |
| 黄 | 红 | 红 | 绿 | 蓝 |
| 蓝 | 绿 | 红 | 黄 | 蓝 |

## 训练九

| 绿 | 蓝 | 红 | 黄 | 绿 | 红 |
|---|---|---|---|---|---|
| 蓝 | 黄 | 红 | 蓝 | 绿 | 蓝 |
| 黄 | 红 | 蓝 | 绿 | 黄 | 黄 |
| 绿 | 绿 | 红 | 绿 | 蓝 | 绿 |
| 黄 | 黄 | 蓝 | 红 | 黄 | 蓝 |
| 蓝 | 红 | 黄 | 蓝 | 绿 | 黄 |

## 训练十

| 绿 | 蓝 | 红 | 黄 | 绿 | 红 |
|---|---|---|---|---|---|
| 蓝 | 蓝 | 绿 | 蓝 | 绿 | 蓝 |
| 绿 | 红 | 蓝 | 绿 | 黄 | 黄 |
| 红 | 绿 | 红 | 绿 | 蓝 | 黄 |
| 黄 | 蓝 | 蓝 | 红 | 黄 | 黄 |
| 蓝 | 红 | 黄 | 黄 | 黄 | 红 |

视觉分辨

# 高阶训练

## 玩法一　组合图形

**训练要求：** 表格最左边的图形是一个完整的图形，它是由表格中间的某个图形与最右边的图形组合而成的。请小朋友**快速、准确地在中间的图形中，找出能够与最右边图形组合成完整图形的部分，并用铅笔圈出来**。

**训练目标：** 正确率越高、完成的时间越短越好。

**训练例题：**

### 训练一

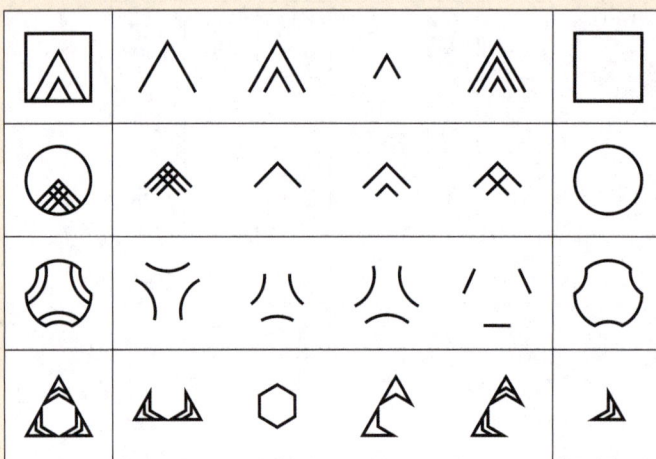

### 训练二

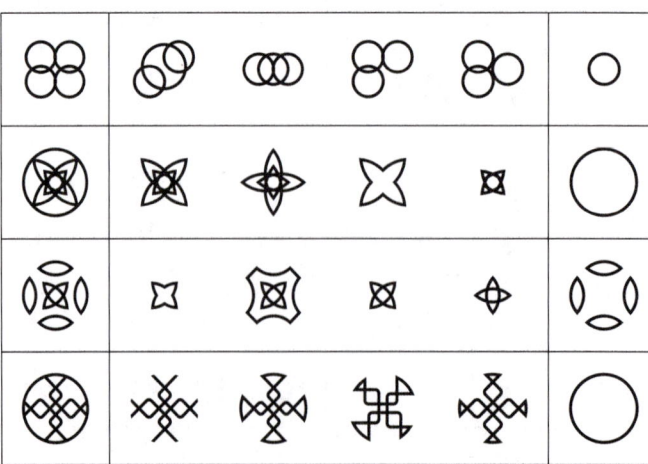

## 训练三

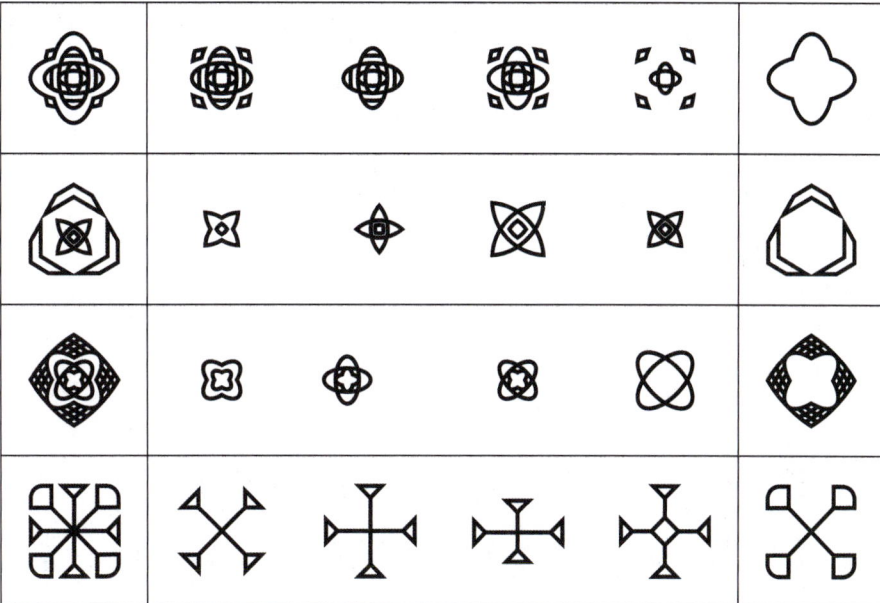

## 训练四

## 玩法二　圈出反义词

**训练要求：** 下面的文字里隐藏了好多左右排列或者是上下排列的反义词，请小朋友**找出隐藏的反义词**，用铅笔画出长方形将反义词全部圈出来。

**训练目标：** 正确率越高、完成的时间越短越好。

**训练例题：**

男　上　方　同　好　坏　加
好　下　正　天　一　下　大

### 训练一 （高阶）

左　边　绿　相　遇　凉　风　怕　水　来　相　尊
右　零　里　阿　纯　春　明　好　动　言　换　洗
西　才　引　阴　晴　点　店　坏　静　大　雨　还
夏　刚　话　花　笑　暖　冷　何　读　停　让　人

### 训练二 （高阶）

周　小　都　圈　月　夜　玩　彩　回　向　睡　各
夜　非　好　里　力　广　梦　不　格　蜡　男　好
到　等　差　外　球　秋　羊　阳　金　雪　女　北
忙　闲　西　医　易　难　因　果　紫　花　田　南

### 训练三 （高阶）

杨　光　乐　洒　静　脑　高　低　刘　水　阳　易
田　力　的　麦　苗　禾　游　观　更　早　脱　穿
胡　长　端　抓　加　保　来　巴　急　吃　看　明
句　短　冲　重　轻　护　去　比　数　书　生　暗

## 训练四 【高阶】

| | | | | | | | | | | | |
|---|---|---|---|---|---|---|---|---|---|---|---|
| 后 | 来 | 者 | 斗 | 在 | 中 | 轻 | 李 | 鸟 | 飞 | 快 | 觉 |
| 先 | 现 | 过 | 急 | 独 | 香 | 多 | 少 | 任 | 对 | 错 | 达 |
| 答 | 花 | 挺 | 于 | 玉 | 臭 | 浩 | 夏 | 休 | 满 | 烧 | 东 |
| 乔 | 马 | 老 | 少 | 别 | 步 | 克 | 爪 | 招 | 丝 | 念 | 西 |

## 训练五 【高阶】

| | | | | | | | | | | | |
|---|---|---|---|---|---|---|---|---|---|---|---|
| 这 | 改 | 功 | 四 | 以 | 易 | 怕 | 生 | 神 | 气 | 吞 | 尊 |
| 重 | 深 | 浅 | 零 | 纯 | 头 | 胖 | 瘦 | 族 | 老 | 女 | 然 |
| 故 | 古 | 前 | 爆 | 包 | 请 | 雷 | 加 | 春 | 回 | 新 | 旧 |
| 各 | 文 | 后 | 苏 | 话 | 正 | 房 | 百 | 鸟 | 泥 | 水 | 号 |
| 韵 | 哪 | 血 | 板 | 草 | 斜 | 里 | 挂 | 懂 | 瘦 | 饿 | 饱 |
| 雨 | 绿 | 堡 | 粗 | 细 | 至 | 头 | 期 | 小 | 浩 | 跟 | 复 |

## 训练六 【高阶】

| | | | | | | | | | | | |
|---|---|---|---|---|---|---|---|---|---|---|---|
| 米 | 格 | 买 | 卖 | 杠 | 和 | 话 | 浩 | 仰 | 脸 | 高 | 低 |
| 小 | 瑞 | 金 | 里 | 外 | 吧 | 上 | 始 | 周 | 到 | 来 | 除 |
| 去 | 州 | 吧 | 解 | 设 | 放 | 计 | 终 | 司 | 以 | 笑 | 冒 |
| 死 | 活 | 险 | 喜 | 路 | 美 | 关 | 门 | 看 | 人 | 哭 | 生 |
| 能 | 苏 | 文 | 天 | 大 | 小 | 刺 | 猬 | 气 | 力 | 发 | 天 |
| 慢 | 要 | 穿 | 条 | 数 | 的 | 兄 | 往 | 日 | 首 | 尾 | 的 |
| 快 | 升 | 降 | 是 | 遥 | 的 | 新 | 姜 | 学 | 可 | 梁 | 那 |

视觉分辨

# 视觉理解能力

解决的问题：说话逻辑不畅，组织的语句不通，反应速度慢，努力学习但是成绩不理想

准备的材料：训练资料、笔、计时器

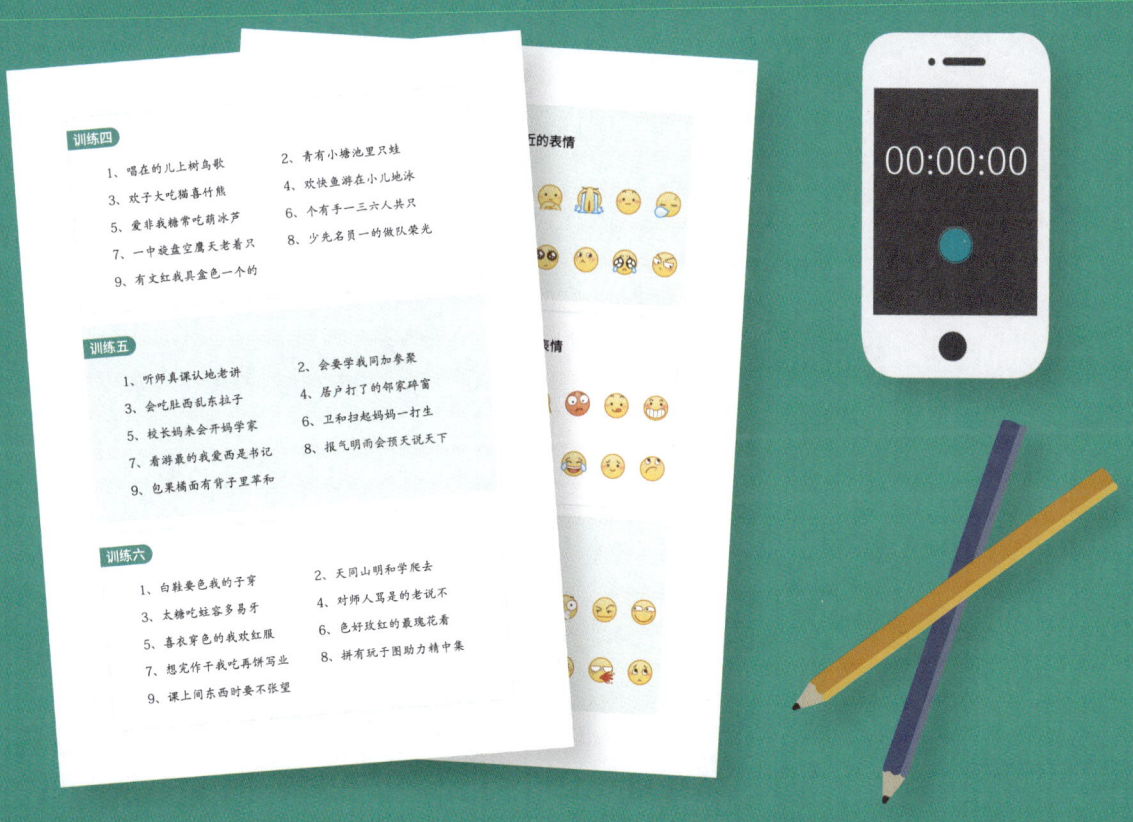

## 视觉理解能力　训练说明

孩子在写作文时,经常词不达意,语言逻辑混乱;在与人交流时,很难让人听明白。有的孩子被老师反映跟不上课堂节奏,即使花费大量时间学习,依然难以取得好成绩,这是视觉理解能力差的典型表现。

视觉理解能力的训练,主要是强化孩子的大脑,使孩子能够迅速地对所见之物进行理解,然后加以整合,并得出正确结论。

在有效的训练下,孩子能学会很好地协调视觉理解与大脑的反应速度,即大脑能快速地对杂、断、乱的图形或文字进行辨析、思考,进而找到其内在的关联和逻辑。这样不仅学习能力会得到提升,孩子在日常生活中也会表现得更机敏。

本训练课由易到难,可先完成初阶训练,再进行进阶训练。也可由孩子自行选择当天要训练的内容,建议每天训练时长不少于15分钟。

坚持训练,注意力提升看得见!

让我们和孩子一起成长,一起精彩!

# 训练方法

**玩法一** 组合词句

**训练要求：** 下面的词句，文字顺序都是打乱的，请小朋友**将每一组混乱的汉字重新组合成词语或一句逻辑通顺的句子**，并大声地说出来。

**训练目标：** 正确率越高、完成的时间越短越好。

### 训练一

1. 灯张彩结
2. 回春地大
3. 累月日积
4. 放花百齐
5. 岭兴大安
6. 方珠明东
7. 意二三心
8. 言不一发
9. 神精会聚

### 训练二

1. 雪莲白的洁
2. 的广公宽路
3. 安场广天门
4. 劳一五节动
5. 会翅蜓展蜻
6. 搬蚁在家蚂
7. 故在他读事
8. 葱豆小腐拌
9. 八半天今点

### 训练三

1. 制九教义育年务
2. 字的是你么什名
3. 媚气光阳的天明
4. 妈裙穿喜子妈欢
5. 处花开到盛着鲜
6. 人忘吃不井水挖
7. 打篮场竹水空一
8. 高芝节花开节麻
9. 胡子爱萝兔吃卜

视觉理解

## 训练四

1. 唱在的儿上树鸟歌
2. 青有小塘池里只蛙
3. 欢子大吃猫喜竹熊
4. 欢快鱼游在小儿地泳
5. 爱非我糖常吃葫冰芦
6. 个有手一三六人共只
7. 一中旋盘空鹰天老着只
8. 少先名员一的做队荣光
9. 有文红我具盒色一个的

## 训练五

1. 听师真课认地老讲
2. 会要学我同加参聚
3. 会吃肚西乱东拉子
4. 做体大广一播家操起
5. 校长妈来会开妈学家
6. 卫和扫起妈妈一打生
7. 看游最的我爱西是书记
8. 报气明雨会预天说天下
9. 包果橘面有背子里苹和

## 训练六

1. 白鞋要色我的子穿
2. 机品电手属产子于
3. 太糖吃蛀容多易牙
4. 对师人骂是的老说不
5. 喜衣穿色的我欢红服
6. 色好玫红的最瑰花看
7. 想完作干我吃再饼写业
8. 拼有玩于图助力精中集
9. 课上间东西时要不张望

视觉理解

## 玩法二　辨别微表情

**训练要求：** 请小朋友从下面众多的表情中，精准地**挑选出符合题目要求的表情**。

**训练目标：** 正确率越高、完成的时间越短越好。

视觉理解

### 训练一

圈出一个与"高兴"最接近的表情

### 训练二

圈出一个与"惊讶"最接近的表情

## 训练三
**圈出一个与"伤心"最接近的表情**

## 训练四
**圈出一个与"傲慢"最接近的表情**

## 训练五
**圈出一个与"调皮"最接近的表情**

## 训练六

请将左右两边情绪表达相近的表情，用铅笔进行连线

## 玩法三  看图讲故事

**训练要求：** 1.看图讲故事：请小朋友仔细观察下面的图画，**根据你观察到的信息**，包括人物、场景、动作等内容**组合成一个故事**，讲给爸爸妈妈听吧。

回答问题：**家长每次提一个问题**，孩子回答完后再问下一个。小朋友也可以考一考爸爸妈妈哦！

**训练目标：** 说出的有用信息越多、完成的时间越短越好。

训练一

简答题:

1. 农场一共有多少种动物?
2. 农场一共有多少种果树?
3. 鸭子在干什么?
4. 农夫手上提着什么?
5. 果树上一共有多少个苹果?
6. 果树上一共有多少个梨?
7. 农场一共有多少穗玉米棒?
8. 农场一共有多少只鸡?
9. 农场一共有多少株向日葵?
10. 一共有几头奶牛?

训练二

视觉理解

简答题：

1. 卧室的主人是男孩还是女孩？
2. 卧室的主人读几年级？
3. 卧室的主人喜欢什么运动？
4. 卧室的玩偶都是什么动物？
5. 你能找到丢失的蝴蝶结吗？
6. 你是怎么分辨出主人性别的？
7. 书包是什么颜色？
8. 卧室一共有几个玩偶？
9. 现在是几点钟？
10. 丢失的蝴蝶结是什么颜色？

训练三

简答题：

1. 今天是什么节日？

2. 老师一共拿了几朵鲜花？

3. 鸟窝里有几个鸟蛋？

4. 小兔子在干什么？

5. 一共有几朵白色小花？

6. 一共有多少个小朋友？

7. 哪棵树上有鸟窝？

8. 图片上有几只小动物？

9. 小狗是什么颜色的？

10. 一共有几根胡萝卜？

训练四

视觉理解

简答题:

1. 同学们在上什么课？

2. 下一节课是什么课？

3. 教室里一共有几本书？

4. 老师的眼镜是什么颜色的？

5. 黑板上有哪个数字没有出现？

6. 现在是几点钟？

7. 有几个小朋友没带书包？

8. 教室里一共有几支笔？

9. 黑板上算术题的答案是多少？

10. 黑板上一共有几个数字"2"？

训练五

简答题：

1. 现在是冬季还是夏季？
2. 图中有几个望远镜？
3. 小女孩的裙子是什么颜色的？
4. 一共有多少颗浆果？
5. 月亮上有几个陨石坑？
6. 图中有几个UFO？
7. 图中有几颗流星？
8. 图中有几颗星星被线连了起来？
9. 草丛中的浆果是什么颜色？
10. 找出图中熟睡的小动物。

视觉理解

# 视觉记忆能力

解决的问题：背书、写字困难，阅读后记不住文章的重点内容、短时记忆不佳

准备的材料：训练资料、笔、计时器

## 视觉记忆能力　训练说明

孩子在听完老师讲课，或读完一篇课文后，很难做到复述和总结，明明已经很努力地背诵一个知识点，却总也记不住，因此学习效率低，进步速度慢。这是典型的视觉记忆能力（也叫短时记忆能力）缺失。

视觉记忆能力的训练，主要是通过对相似信息的比较、不同信息的甄别，以及碎片信息的搜集等方法，摒弃死记硬背，让孩子学会先梳理再总结、先理解再记忆的方法。

在经过有效的训练后，孩子逐渐养成系统性、逻辑性的学习方法；不仅能根据事物之间的关联与逻辑进行记忆，还能学会做事情的方式和方法，在学习上取得事半功倍的效果。

本训练课由易到难，可先完成初阶训练，再进行进阶训练。也可由孩子自行选择当天要训练的内容，建议每天训练时长不少于15分钟。

坚持训练，注意力提升看得见！

让我们和孩子一起成长，一起精彩！

# 初阶训练

## 玩法一　记车牌号

**训练要求**：请小朋友细心观察并**记忆下列车牌**，每次记忆5~10秒后，**准确地**复述出来，如果答错，再看5~10秒钟，重新复述。

**训练目标**：正确率越高、完成的时间越短越好。

### 训练一

浙A·N38JY　　苏C·NJ2U6

### 训练二

京N·YWE85　　川F·JW7S4

### 训练三

沪C·8DEB3　　粤D·Y3G8W

### 训练四

黑C·G34Y4　　皖G·7H4KH

### 训练五

苏K·S4R1F  鲁N·S2KC1

### 训练六

川C·9SDU4  浙S·4Y9B9

### 训练七

苏S·DJ2K1  吉F·AX7C1  沪B·6EGYE

### 训练八

鲁E·6KE8W  津C·8EH3R  黑D·SJV2F

### 训练九

辽C·8EU36  蒙D·J92HE  浙J·W92R3

### 训练十

皖N·R3T7J  鲁G·MY5CV  苏F·L7YV3

视觉记忆

## 玩法二　图形记忆

**训练要求：** 请小朋友**仔细观察图中所有细节并记忆，10秒后回答问题**，不要用笔记录。如果答错，可重新观察图片5~10秒后，再继续答题。

**训练目标：** 记忆越详细、完成的时间越短越好。

视觉记忆

### 训练一

简答题：

1. 水杯上有什么图案？
2. 笔筒里一共有几支笔？
3. 水杯放在什么颜色的桌子上面？
4. 现在是几点钟？
5. 三个碗分别是什么颜色？

### 训练二

简答题：

1. 老师的上衣是什么颜色？
2. 老师的头发扎起来了吗？
3. 老师的头发是什么颜色？
4. 老师戴眼镜吗？
5. 老师裙子上有什么图案？

### 训练三

简答题:

1.花坛里一共有多少朵白色的鲜花?

2.小鸟的嘴巴里叼着什么?

3.一共有几只蝴蝶?

4.蝴蝶分别是什么颜色的?

5.粉色的花一共有几朵?

### 训练四

简答题:

1.书桌上都有哪些东西?

2.文具盒里有哪些东西?

3.橡皮包装是什么颜色?

4.书的名字叫什么?

5.椅子是什么颜色?

### 训练五

简答题：

1. 一共出现了哪几种动物？
2. 一共出现了几只动物？
3. 小猫是什么颜色的？
4. 大熊猫拿的是什么？
5. 一共有几只小白兔？

### 训练六

简答题：

1. 一共出现了哪些水果？
2. 一共出现了几个梨？
3. 有没有出现被剥开的柠檬？
4. 一共出现了几根香蕉？
5. 一共出现了几个被切开的水果？

### 训练七

简答题：

1. 一共出现了哪几种小动物？
2. 一共出现了几只动物？
3. 一共有几只小刺猬？
4. 水果出现了几种？
5. 一共有几只老虎？

### 训练八

简答题：

1. 观察图片30秒，按照图片顺序，将所有的蔬菜名称复述出来。
2. 第4张图是什么蔬菜？
3. 第1张图是什么蔬菜？
4. 胡萝卜一共有几根？
5. 蘑菇一共有几个？

视觉记忆

## 训练九

简答题：

1. 观察图片30秒,按照图片顺序,将所有的图形名称复述出来。
2. 雪人是第几张图?
3. 苹果一共有几个?
4. 大蒜一共有几头?
5. 小狗是站着还是坐着?

## 训练十

简答题：

1. 观察图片30秒,按照图片顺序,将所有的蔬菜名称复述出来。
2. 豆角有几个?
3. 香菜是第几张图?
4. 第2张图是什么?
5. 卷心菜一共有几个?

## 玩法三 字母与数字

**训练要求：** 请小朋友**根据给出的对应关系进行记忆**，在下列训练题的对应位置正确填空。

**训练目标：** 正确率越高、完成的时间越短越好。

**训练例题：**

| a | b | c |
|---|---|---|
| 1 | 2 | 3 |

答案：

| a | b | c | b | a | c | a |
|---|---|---|---|---|---|---|
| 1 | 2 | 3 | 2 | 1 | 3 | 1 |

### 训练一

| a | b | c |
|---|---|---|
| 1 | 2 | 3 |

| a | b | c | b | a | c | a | b | c | b |
|---|---|---|---|---|---|---|---|---|---|
|   |   |   |   |   |   |   |   |   |   |

### 训练二

| a | c | e |
|---|---|---|
| 1 | 3 | 5 |

| a | c | e | a | e | c | e | a | a | c |
|---|---|---|---|---|---|---|---|---|---|
|   |   |   |   |   |   |   |   |   |   |

### 训练三

| a | b | c | d |
|---|---|---|---|
| 1 | 3 | 4 | 6 |

| b | a | c | b | d | c | a | d | b |
|---|---|---|---|---|---|---|---|---|
|   |   |   |   |   |   |   |   |   |

### 训练四

| c | e | f | a |
|---|---|---|---|
| 1 | 2 | 3 | 4 |

| c | a | e | f | c | e | a | f | e |
|---|---|---|---|---|---|---|---|---|
|   |   |   |   |   |   |   |   |   |

视觉记忆

## 玩法四　短时记忆

**训练要求：** 下列训练中，每题有2组需要记忆的数字或字母，不要用手或笔指，按照顺序**分别进行观察和记忆**，每次观察5~10秒，第一组复述正确后，**再复述第二组**，如果错误则从当组重新开始。

**训练目标：** 错误的次数越少、完成的时间越短越好。

### 训练一

7878495　　　　0576353

### 训练二

6783483　　　　9023568

### 训练三

QWERYUT　　　　CDENJOW

### 训练四

POIUTYDY　　　　IHBVFRWQ

### 训练五

467898903　　　　436789349

视觉记忆

### 训练六

**KUDLDNDST**  **PPDJVRWBU**

### 训练七

**EH3893HG89**  **38JF84B7R5**

### 训练八

**EF8943R08H**  **R4GDE8972T**

## 进阶训练

### 玩法一　关联记忆

**训练要求**：请小朋友根据给出的对应关系进行记忆，在下列训练题的对应位置正确填空。

**训练目标**：正确率越高、完成的时间越短越好。

**训练例题**：

| 1 | 2 | 3 |
|---|---|---|
| q | g | j |

答案：

| 1 | 2 | 3 | 3 | 2 | 3 | 1 |
|---|---|---|---|---|---|---|
| q | g | j | j | g | j | q |

## 训练一

| 1 | 2 | 3 | 4 | 5 |
|---|---|---|---|---|
| s | g | j | q | v |

| 1 | 2 | 3 | 4 | 5 | 3 | 4 | 2 | 3 | 1 | 5 |
|---|---|---|---|---|---|---|---|---|---|---|
|   |   |   |   |   |   |   |   |   |   |   |

## 训练二

| h | g | j | f | l |
|---|---|---|---|---|
| 1 | 2 | 4 | 5 | 7 |

| h | g | j | f | l | j | h | f | l | g | h |
|---|---|---|---|---|---|---|---|---|---|---|
|   |   |   |   |   |   |   |   |   |   |   |

## 训练三

| 2 | 4 | 3 | 1 | 5 |
|---|---|---|---|---|
| a | c | b | d | e |

| 2 | 4 | 3 | 1 | 5 | 2 | 5 | 1 | 3 | 5 | 1 |
|---|---|---|---|---|---|---|---|---|---|---|
|   |   |   |   |   |   |   |   |   |   |   |

## 训练四

| 0 | 8 | 6 | 10 | 3 |
|---|---|---|----|---|
| r | v | w | n  | m |

| 0 | 8 | 6 | 10 | 3 | 6 | 8 | 3 | 10 | 0 | 8 |
|---|---|---|----|---|---|---|---|----|---|---|
|   |   |   |    |   |   |   |   |    |   |   |

## 训练五

| 红 | 黄 | 蓝 | 绿 | 紫 |
|----|----|----|----|----|
| 1  | 4  | 6  | 7  | 9  |

| 红 | 紫 | 蓝 | 黄 | 红 | 绿 | 蓝 | 绿 | 黄 | 红 | 蓝 |
|----|----|----|----|----|----|----|----|----|----|----|
|    |    |    |    |    |    |    |    |    |    |    |

## 训练六 进阶

| a | c | f | h | j | l |
|---|---|---|---|---|---|
| 我 | 兔 | 他 | 猴 | 你 | 蛇 |

| a | c | f | h | j | l | c | f |
|---|---|---|---|---|---|---|---|
|   |   |   |   |   |   |   |   |
| j | h | c | a | f | l | j | h |
|   |   |   |   |   |   |   |   |

## 训练七 进阶

| b | p | d | 红 | 黄 | 绿 |
|---|---|---|---|---|---|
| 1 | 5 | 8 | 2 | 4 | 7 |

| b | d | p | 黄 | 红 | b | 绿 | 黄 |
|---|---|---|---|---|---|---|---|
|   |   |   |   |   |   |   |   |
| d | p | 红 | 绿 | d | 黄 | 绿 | d |
|   |   |   |   |   |   |   |   |

## 训练八 进阶

| 1 | 2 | 3 | 4 | 5 | 6 |
|---|---|---|---|---|---|
| 红 | a | c | f | 绿 | 蓝 |

| 1 | 2 | 3 | 4 | 5 | 6 | 3 | 4 |
|---|---|---|---|---|---|---|---|
|   |   |   |   |   |   |   |   |
| 2 | 6 | 5 | 1 | 5 | 3 | 4 | 6 |
|   |   |   |   |   |   |   |   |

## 玩法二 图形+颜色记忆

**训练要求**：请小朋友**仔细观察并记住下面图形的形状、颜色和顺序**，在下列训练题的对应位置正确填空。

**训练目标**：正确率越高、完成的时间越短越好。

**训练例题**：

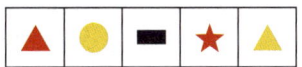

答案：

| 颜色 | 红色 | 黄色 | 黑色 | 红色 | 黄色 |
|---|---|---|---|---|---|
| 形状 | △ | ○ | ▭ | ☆ | △ |

视觉记忆

# 视觉转移能力

解决的问题：大脑反应慢、思考能力弱，不爱学习，举一反三能力弱
准备的材料：训练资料、笔、计时器

# 视觉转移能力 训练说明

孩子在学习时，反应慢、思维能力差，以至于成绩一直不理想；更有甚者，对学习提不起兴趣，排斥学习。这种情况，除了因为孩子本身缺乏良好的学习习惯外，更大原因可能在于孩子的视觉转移能力欠佳。

视觉转移能力的训练，主要是针对孩子反应速度慢、逻辑思维能力差的一种强化练习。通过各种丰富有趣的训练题，训练大脑的分辨与思考，构建系统的逻辑感知能力，帮助孩子提高学习效率，养成认真学习、独立思考的习惯。

在有效的训练下，孩子会逐渐集中注意力，不仅能提高应变能力，跟得上课堂节奏，还能养成良好的学习习惯，为将来的长效学习打下良好基础。

本训练课由易到难，可先完成初阶训练，再进行进阶训练。也可由孩子自行选择当天要训练的内容，建议每天训练时长不少于15分钟。

坚持训练，注意力提升看得见！

让我们和孩子一起成长，一起精彩！

# 初阶训练

## 玩法一  算数加法计算

**训练要求：** 1.**将前两位数相加并把答案的个位数写在下一个方格中。** 如：4+5=9，在方格内写"9"；5+9=14，在方格内写"4"。如果总和是"10"，则只需要在方格内写"0"即可。

2.直到出现与第1、2位数字相同的数时，循环结束。

3.数出循环结束前，共有多少个数字。

**训练例题：**

| 1 | 8 | 9 | 7 | 6 | 3 | 9 | 2 | 1 | 3 | 4 | 7 |
|---|---|---|---|---|---|---|---|---|---|---|---|
| 1 | 8 |   |   |   |   |   |   |   |   |   |   |

### 训练一

| 4 | 7 | 1 |   |   |   |   |   |   |   |   |   |
|---|---|---|---|---|---|---|---|---|---|---|---|
|   |   |   |   |   |   |   |   |   |   |   |   |

### 训练二

| 4 | 2 |   |   |   |   |   |   |   |   |   |   |
|---|---|---|---|---|---|---|---|---|---|---|---|

### 训练三

| 3 | 4 |   |   |   |   |   |   |   |   |   |   |
|---|---|---|---|---|---|---|---|---|---|---|---|

视觉转移

## 训练四

| 3 | 5 | | | | | | | | | | | |
|---|---|---|---|---|---|---|---|---|---|---|---|---|
| | | | | | | | | | | | | |
| | | | | | | | | | | | | |
| | | | | | | | | | | | | |
| | | | | | | | | | | | | |

## 训练五

| 2 | 5 | 7 | | | | | | | | | | |
|---|---|---|---|---|---|---|---|---|---|---|---|---|
| | | | | | | | | | | | | |
| | | | | | | | | | | | | |
| | | | | | | | | | | | | |
| | | | | | | | | | | | | |

## 训练六

| 6 | 7 | 3 | | | | | | | | | | |
|---|---|---|---|---|---|---|---|---|---|---|---|---|
| | | | | | | | | | | | | |
| | | | | | | | | | | | | |
| | | | | | | | | | | | | |
| | | | | | | | | | | | | |

视觉转移

## 训练七

| 6 | 9 | 5 | | | | | | | | | | |
|---|---|---|---|---|---|---|---|---|---|---|---|---|
| | | | | | | | | | | | | |
| | | | | | | | | | | | | |
| | | | | | | | | | | | | |
| | | | | | | | | | | | | |

## 训练八

| 5 | 9 | 4 | | | | | | | | | | |
|---|---|---|---|---|---|---|---|---|---|---|---|---|
| | | | | | | | | | | | | |
| | | | | | | | | | | | | |
| | | | | | | | | | | | | |
| | | | | | | | | | | | | |

视觉转移

## 训练九

| 2 | 9 | 1 | | | | | | | | | | |
|---|---|---|---|---|---|---|---|---|---|---|---|---|
| | | | | | | | | | | | | |
| | | | | | | | | | | | | |
| | | | | | | | | | | | | |
| | | | | | | | | | | | | |

### 训练十

| 7 | 2 | 9 | | | | | | | | | |
|---|---|---|---|---|---|---|---|---|---|---|---|
| | | | | | | | | | | | |
| | | | | | | | | | | | |
| | | | | | | | | | | | |
| | | | | | | | | | | | |

## 玩法二  查漏补缺

**训练要求**：对照表1，在表2中填写缺失的数字，只能用眼睛看，不可以用手或笔指。

**训练目标**：正确率越高、完成的时间越短越好。

### 训练一

表1

6728936786739467329003256327832904926
7256267378943049034635236723254564645
67823789643743892390823037862464784633

表2

67 893 37867 94673 9　32563 78329 49426
7256 367 78943 4903 6352 67232 456464 6
6 8237 936437 38923 0823 37862464 84633

视觉转移

## 训练二

表1

| 7863648323652910364830274698785467544 8 |
| 2303475659293649274645292775349067856 77 |

表2

| 78 3648323 35291 364 30274 98785 6754 8 |
| 3034756 92936 927464 29 77534 0678 677 |

## 训练三

表1

| 1675262398546250374654688434169375190 68 |
| 9642857208521067352378554661652296547 3 |
| 4219743280619056734923026753693068384 745 |

表2

| 167 6239854 2503746 6488434 9375 906 |
| 42857 085210 352378 54566 65229 5473 |
| 421 74328 619 56734923026 536930 838474 |

## 训练四

表1

| 0763468264874909290275643903786757889956 |
| 2059254334453739020278590374578331901 89 |
| 8936907846467389364725636737852829647 846 |

表2

| 0763468 6487490 29 2756439 378 5788995 |
| 2059 5433 453 3902 27 903 4578 1901 9 |
| 8 36907 4646 38936472 367378 282964 846 |

视觉转移

## 训练五

表1

| 2062939874465342739455784326737845689306 |
| 7878625435190265833753782902389383870 9 |
| 5748589585785789585789300223908996722 36 |
| 7363783673674237282892902896722367362 |

表2

| 06293987 4653427  4557843 6737845689 06 |
| 787   25435190  6535833753  82902  893838709 |
| 5748589  9585785757  589  002  3903  9967  236 |
| 736  7836736  4237  8289  9029   8967  236736 |

## 训练六

表1

| 7378839290564321215467833236 2372927674 |
| 0102137835628902032783562352 6218921085 63 |
| 6478328637842399260902167837 8846764190 78 |
| 4474747801232843093837929002 08936744362 7 |

表2

| 737883  2905  432121  154678332362  729276  4 |
| 0102  37835628  02032783  6235  62189  108563 |
| 647  3286  784  3992609   1678378  46  641907 |
| 4  74747801232  43093837929  0208  367443627 |

视觉转移

## 训练七

表1

| 4674823492302023382784891028746829272 9 |
| 5683567835678946867835673878974875882 76 |
| 3673530735353567354635678353568081 20 |
| 589312924524788976554389456776325383 69 |

表2

| 4 74823 92302 02338278 8391028 46829272 |
| 568 56783567859  86783  737897487 88276 |
| 367353 0735 5353 67355463567 35356808120 |
| 8931292452478 997655 34894567763 5383 |

## 训练八

表1

| 4599654050355658603474360516534643556902 1 |
| 649009365782936784388434795467545505094 6 |
| 358217190026135364567389801215230372625 78 |
| 78892338922067455146745862378221921378631 |

表2

| 5996540 0355658 0347 3605165346435  9021 |
| 649  9365782936784  84347 564675 55050946 |
| 3582171  026135 6456738 80121530372 2578 |
| 78 92338922 67455 46745862378 2192137863 |

视觉转移

## 玩法三　按顺序连线

**训练要求：** 请小朋友**按照数字从小到大的正确顺序用铅笔将黑点连线**，顺序不能错，连线尽量要直（不能用直尺）。

**训练目标：** 连线越直、完成的时间越短越好。

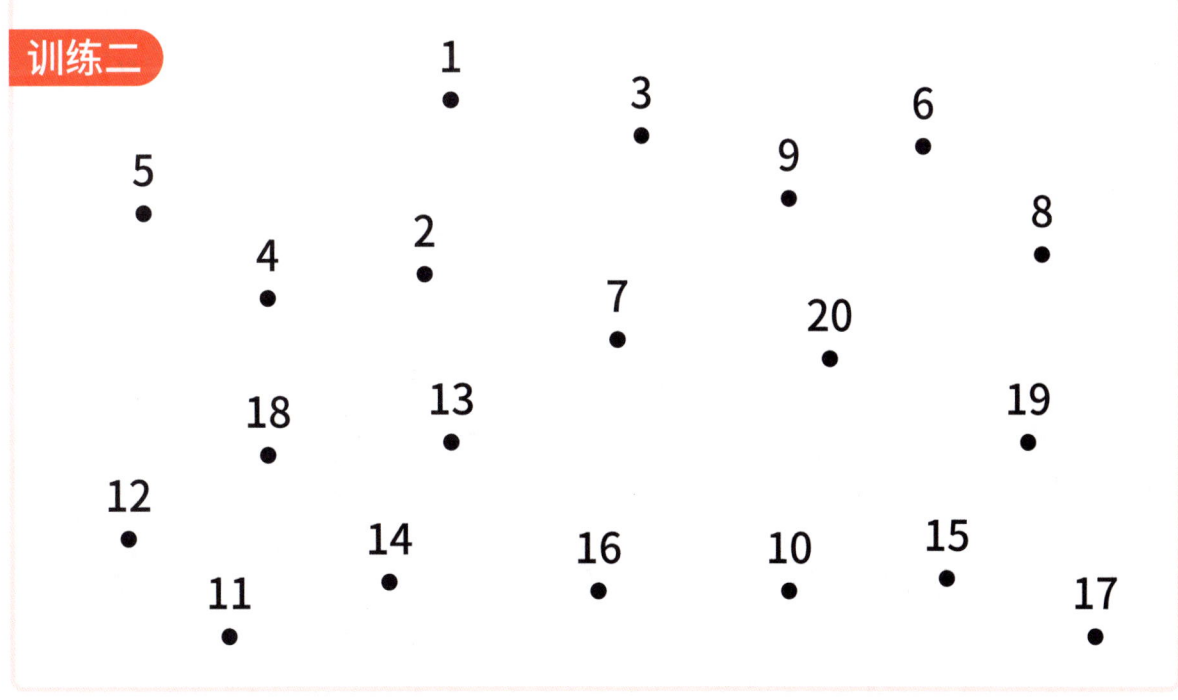

**训练三**

**训练四**

视觉转移

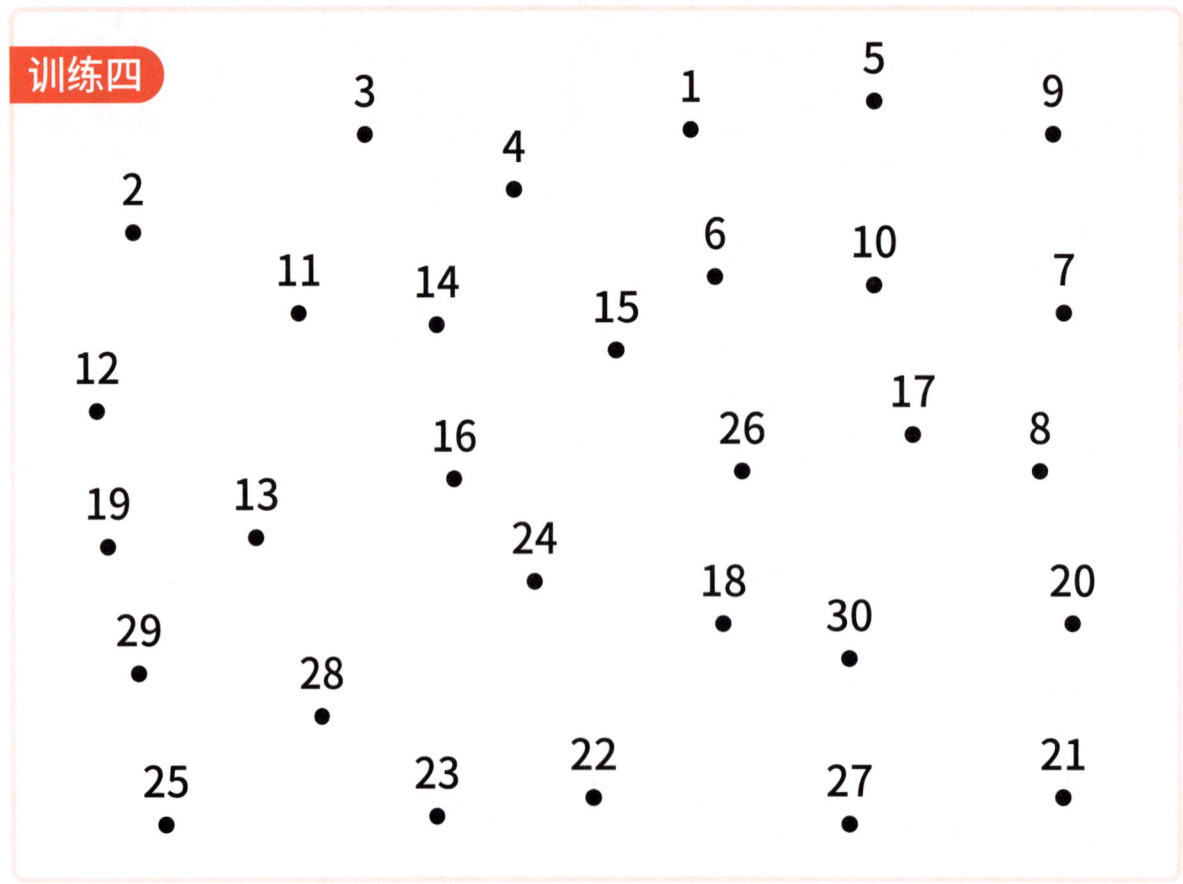

训练五

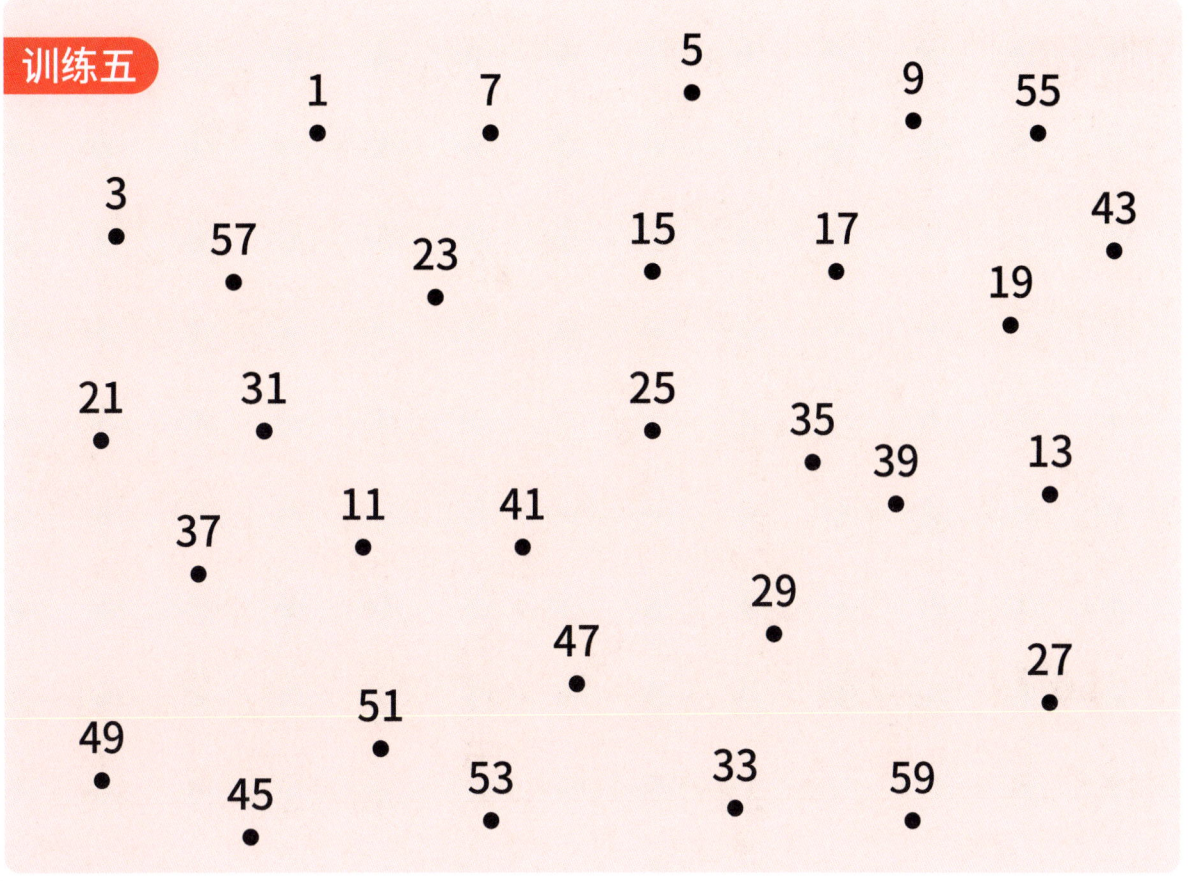

训练六

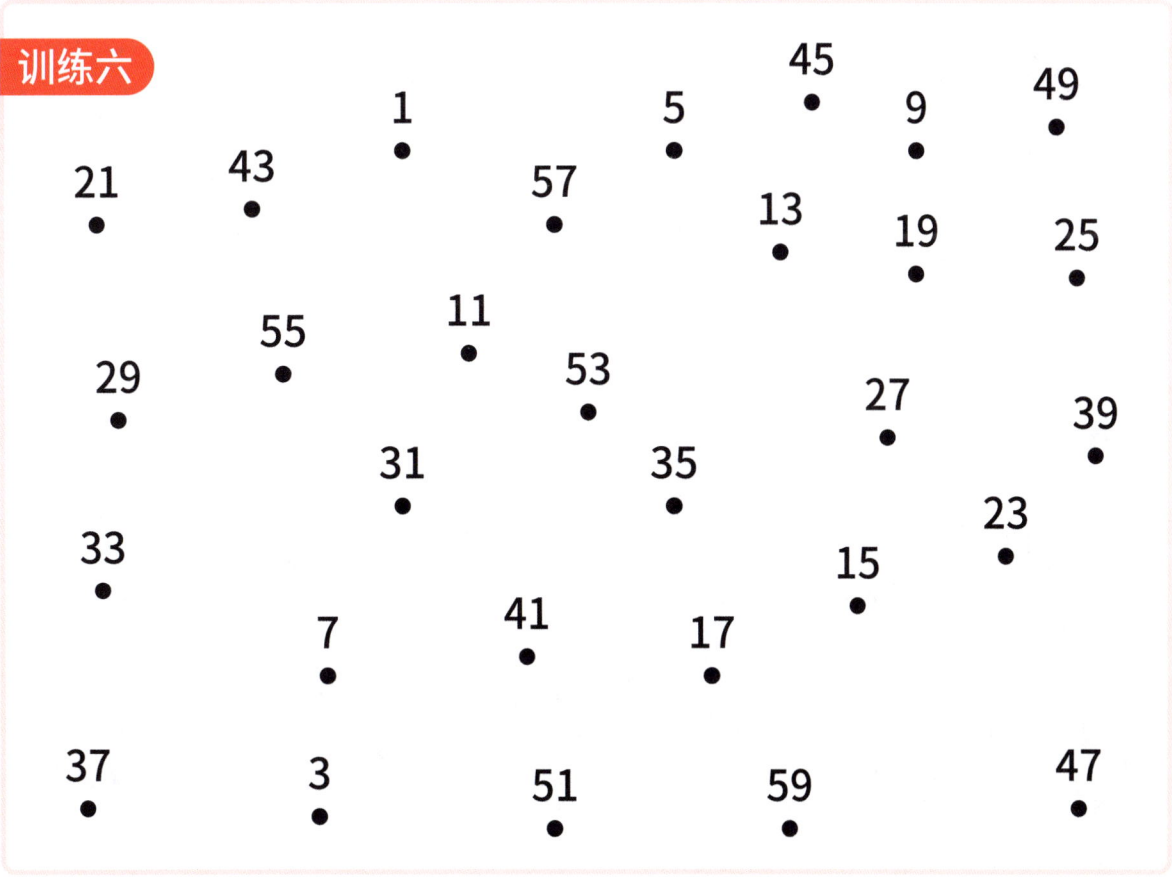

**训练七**

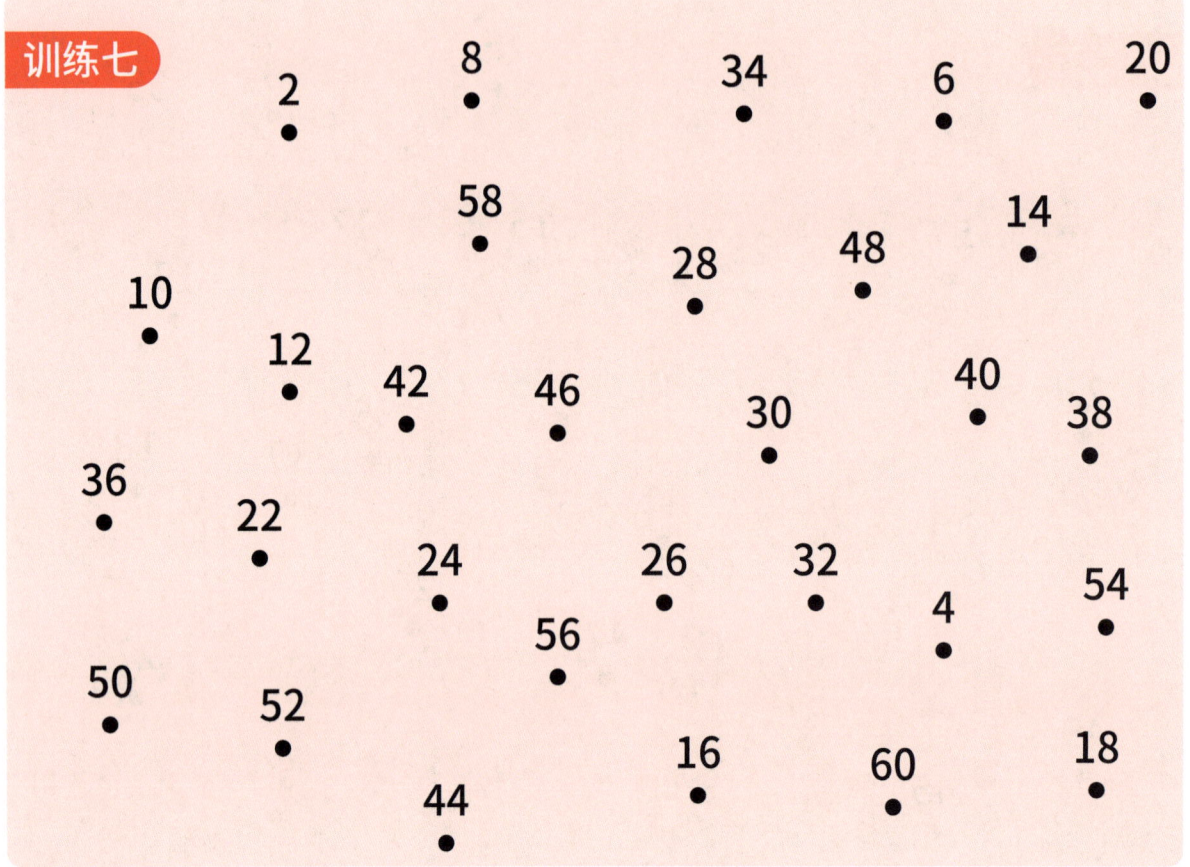

**训练八**

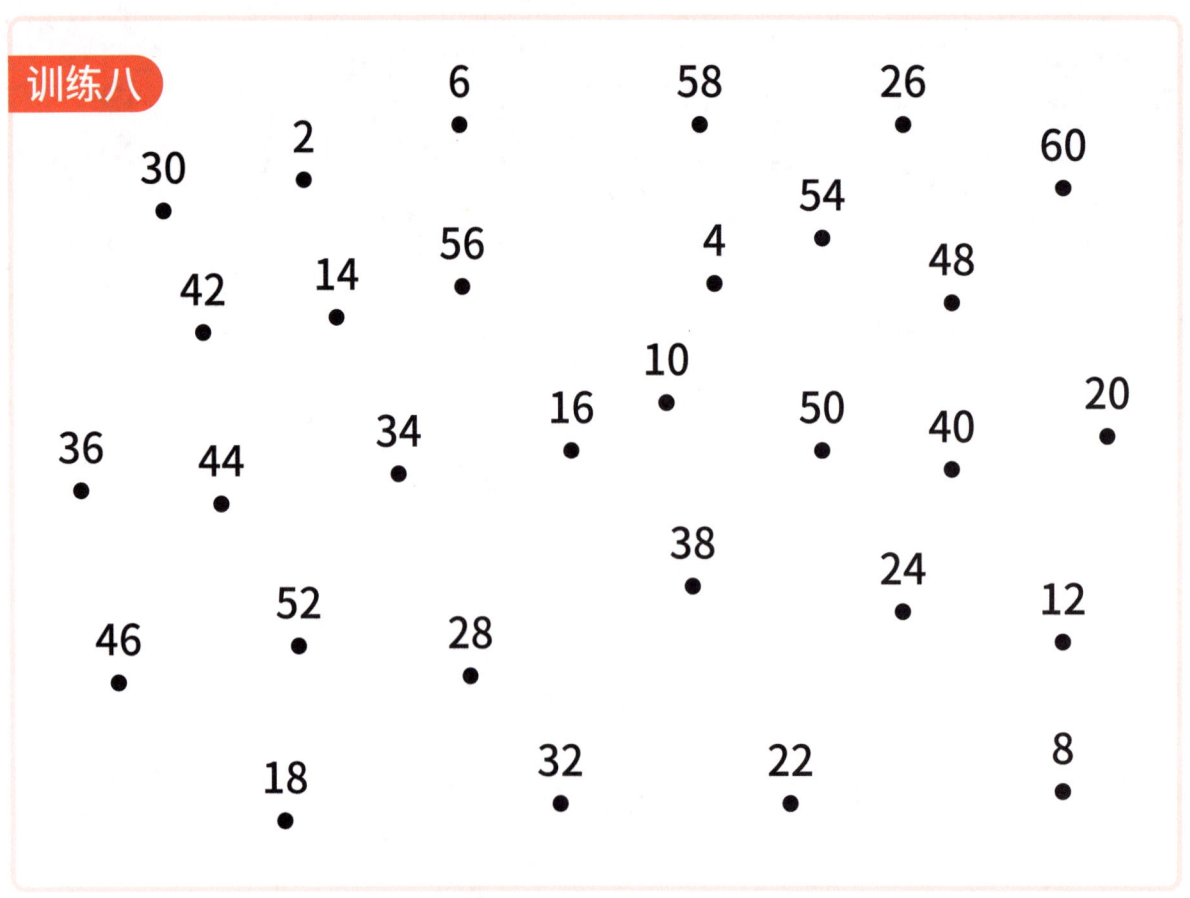

视觉转移

## 玩法四　找出这根线

**训练要求：** 每一根弯曲的线两头分别是一个数字和一个字母，请小朋友仔细、耐心地**将数字另一头的字母找出来，写在对应位置的括号里**，只能用眼睛看，不能用手或笔指哦！

**训练目标：** 正确率越高、完成的时间越短越好。

### 训练一

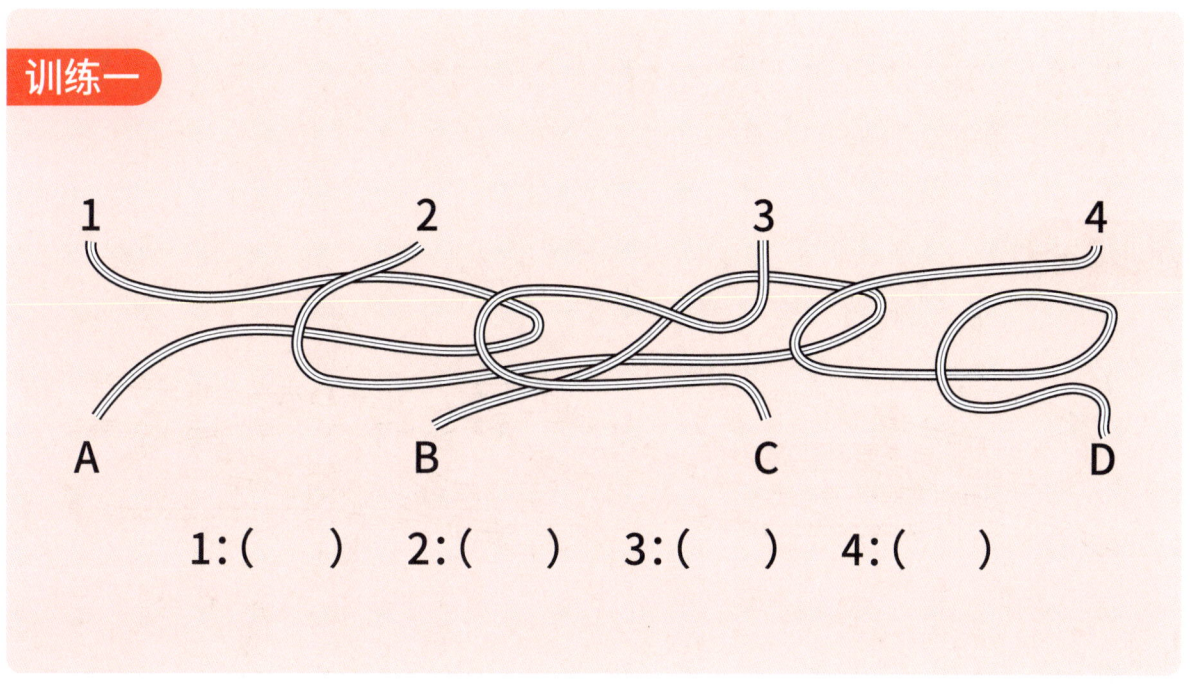

1:(　) 　2:(　) 　3:(　) 　4:(　)

### 训练二

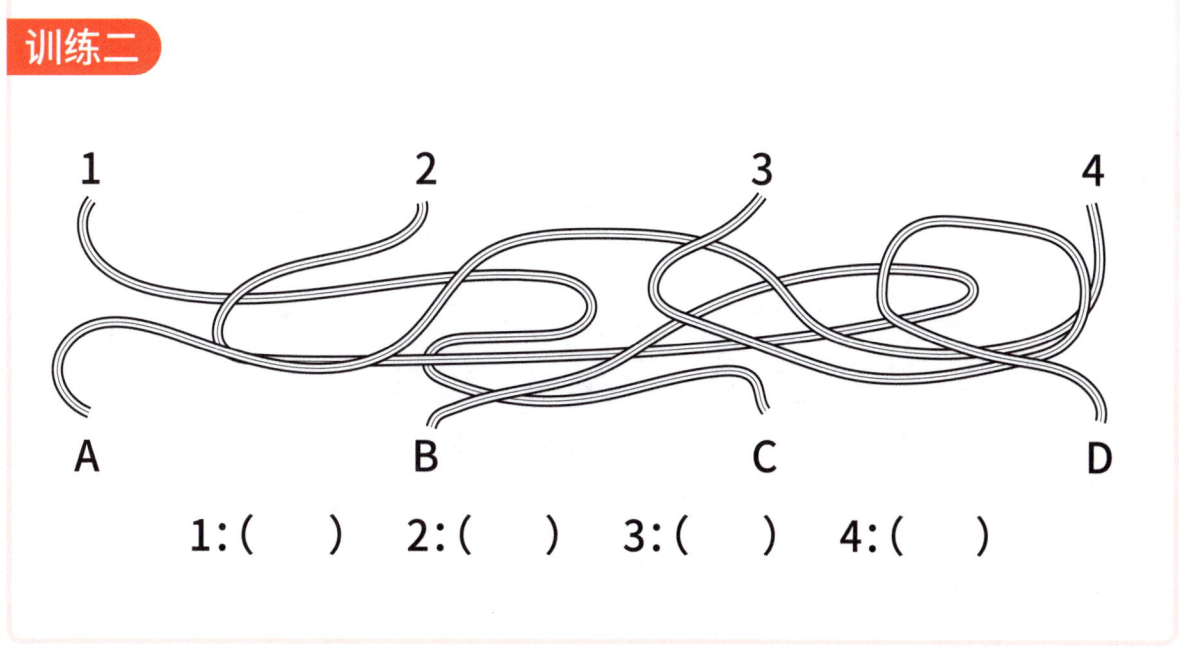

1:(　) 　2:(　) 　3:(　) 　4:(　)

### 训练三

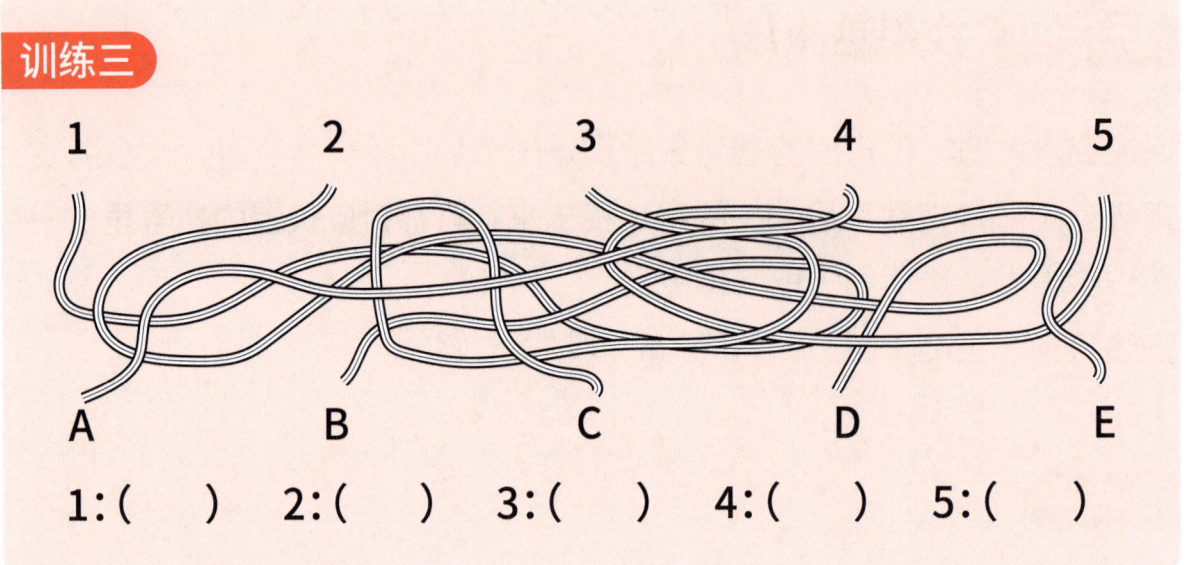

1:(　) 2:(　) 3:(　) 4:(　) 5:(　)

### 训练四

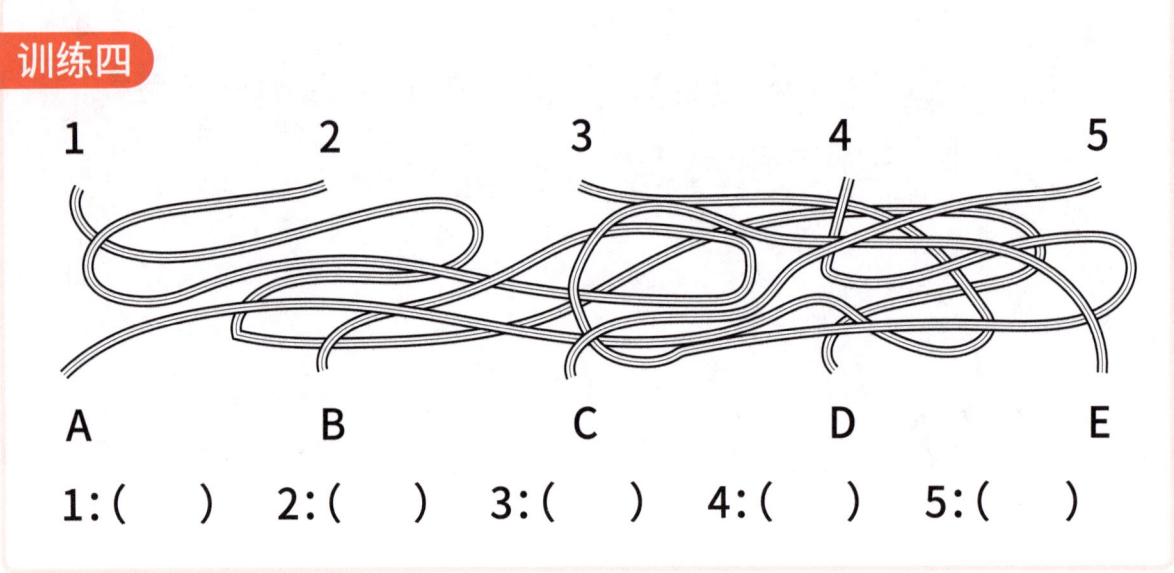

1:(　) 2:(　) 3:(　) 4:(　) 5:(　)

### 训练五

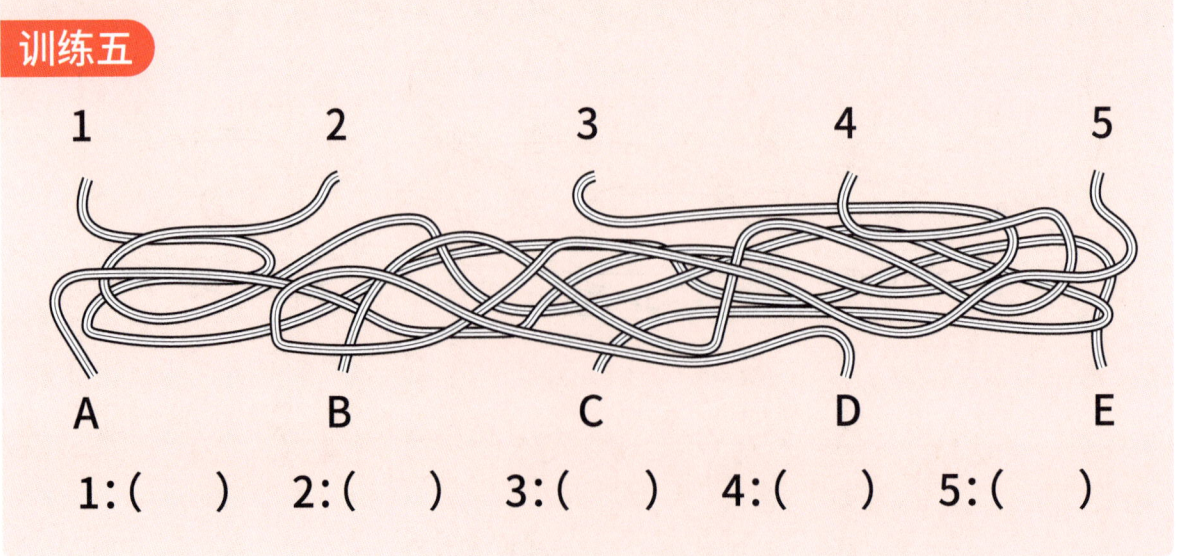

1:(　) 2:(　) 3:(　) 4:(　) 5:(　)

**训练六**

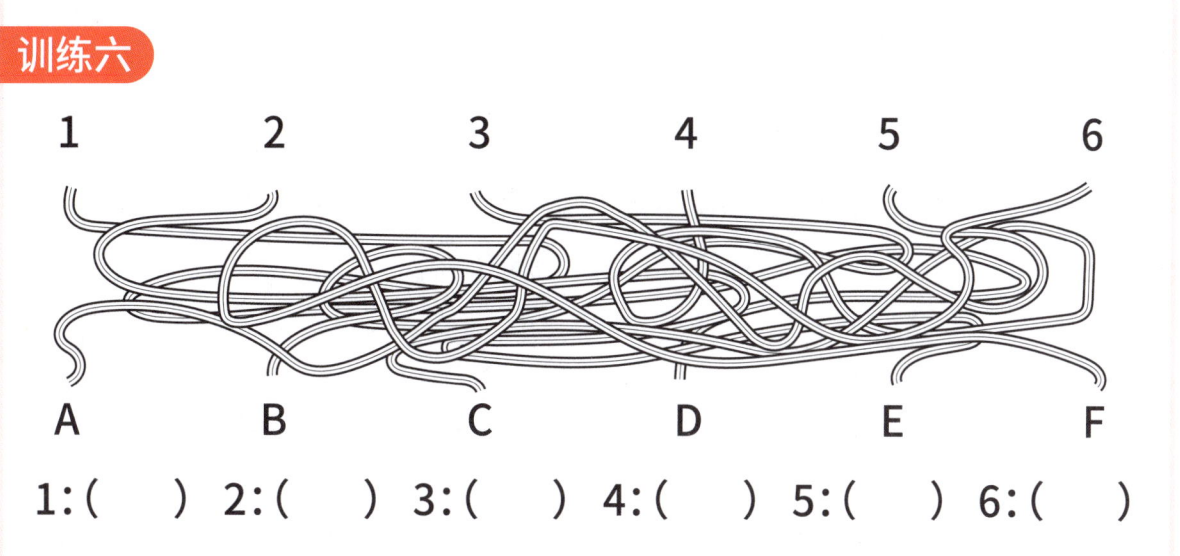

1:(　) 2:(　) 3:(　) 4:(　) 5:(　) 6:(　)

**训练七**

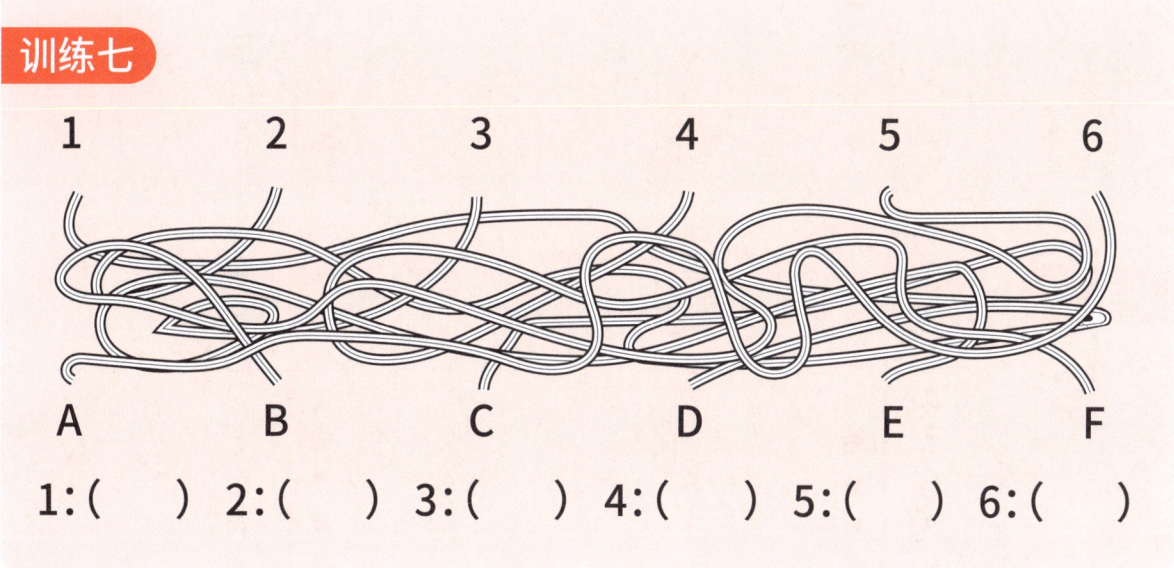

1:(　) 2:(　) 3:(　) 4:(　) 5:(　) 6:(　)

**训练八**

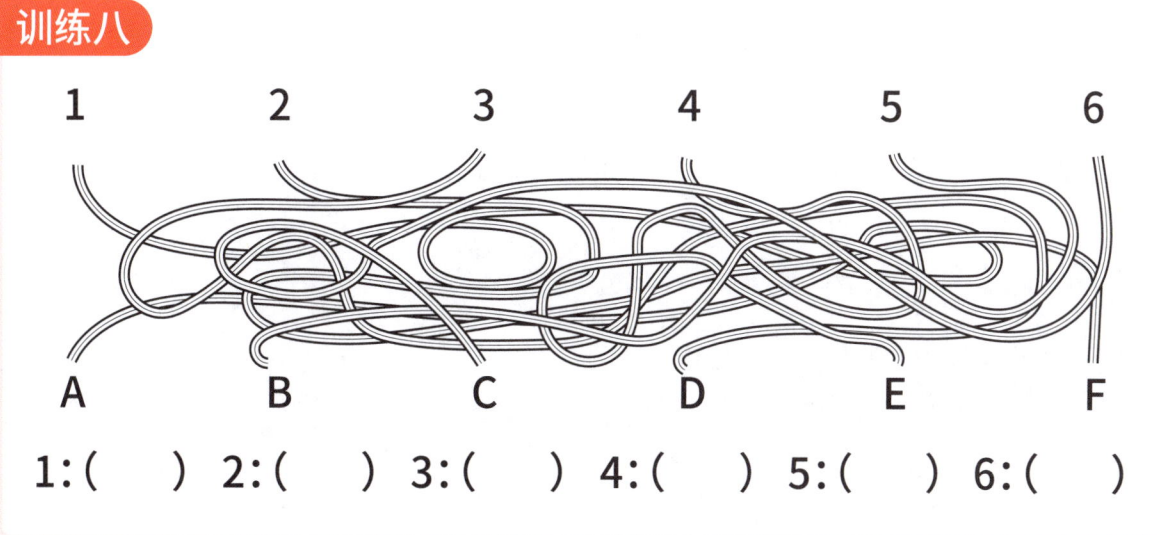

1:(　) 2:(　) 3:(　) 4:(　) 5:(　) 6:(　)

视觉转移

## 玩法五　数字与字母相连

**训练要求：** 请小朋友**按照数字1对应字母A，数字2对应字母B的顺序，用铅笔将数字和字母按照对应顺序进行连线**，连线尽量要直（不能用直尺）。

**训练目标：** 正确率越高、完成的时间越短越好。

**训练一**

|  |  |
|---|---|
| 8 | D |
| 2 | A |
| 1 | C |
| 9 | I |
| 4 | E |
| 6 | G |
| 7 | B |
| 5 | H |
| 3 | F |

**训练二**

|  |  |
|---|---|
| 5 | H |
| 2 | F |
| 1 | G |
| 4 | D |
| 7 | E |
| 6 | C |
| 10 | A |
| 8 | B |
| 9 | I |
| 3 | J |

**训练三**

|  |  |
|---|---|
| 4 | E |
| 8 | J |
| 7 | F |
| 6 | A |
| 2 | B |
| 5 | H |
| 3 | C |
| 9 | D |
| 10 | G |
| 1 | I |

视觉转移

**训练四**

| 10 | • | | • | B |
| 8 | • | | • | C |
| 11 | • | | • | E |
| 1 | • | | • | D |
| 4 | • | | • | H |
| 2 | • | | • | A |
| 6 | • | | • | F |
| 5 | • | | • | I |
| 7 | • | | • | G |
| 9 | • | | • | J |
| 3 | • | | • | K |

**训练五**

| 11 | • | | • | E |
| 3 | • | | • | B |
| 4 | • | | • | J |
| 2 | • | | • | I |
| 6 | • | | • | F |
| 10 | • | | • | A |
| 5 | • | | • | C |
| 9 | • | | • | G |
| 7 | • | | • | H |
| 8 | • | | • | K |
| 1 | • | | • | D |

**训练六**

| 12 | • | | • | I |
| 7 | • | | • | D |
| 11 | • | | • | J |
| 5 | • | | • | A |
| 10 | • | | • | F |
| 6 | • | | • | K |
| 3 | • | | • | H |
| 4 | • | | • | B |
| 9 | • | | • | L |
| 1 | • | | • | E |
| 2 | • | | • | C |
| 8 | • | | • | G |

视觉转移

**训练七**

| 8 | | F |
| 5 | | D |
| 12 | | A |
| 4 | | H |
| 6 | | C |
| 10 | | K |
| 11 | | E |
| 7 | | G |
| 1 | | B |
| 9 | | J |
| 2 | | L |
| 3 | | I |

视觉转移

**训练八**

| 13 | | M |
| 12 | | D |
| 7 | | C |
| 3 | | K |
| 2 | | J |
| 8 | | H |
| 4 | | F |
| 9 | | E |
| 11 | | A |
| 5 | | L |
| 10 | | I |
| 1 | | G |
| 6 | | B |

## 训练九

| 12 | • | | • | A |
| 7 | • | | • | L |
| 10 | • | | • | J |
| 4 | • | | • | F |
| 2 | • | | • | C |
| 8 | • | | • | H |
| 1 | • | | • | E |
| 13 | • | | • | I |
| 3 | • | | • | N |
| 9 | • | | • | B |
| 14 | • | | • | K |
| 5 | • | | • | M |
| 11 | • | | • | G |
| 6 | • | | • | D |

## 训练十

| 4 | • | | • | D |
| 1 | • | | • | E |
| 6 | • | | • | H |
| 10 | • | | • | C |
| 2 | • | | • | I |
| 5 | • | | • | K |
| 7 | • | | • | G |
| 3 | • | | • | L |
| 13 | • | | • | N |
| 8 | • | | • | A |
| 14 | • | | • | J |
| 9 | • | | • | M |
| 11 | • | | • | F |
| 12 | • | | • | B |

视觉转移

# 进阶训练

## 玩法一 查漏补缺

**训练要求：** 对照表1，在表2中填写缺失的汉语拼音。在训练的过程中，只能用眼睛看，不可以用手或笔指。

**训练目标：** 正确率越高、完成的时间越短越好。

### 训练一

表1

| hé shuǐ qīng qing tiān qì qíng，xiǎo xiao qīng wā dà yǎn jing。 |
| bǎo hù hé miáo chī hài chóng，zuò le bù shǎo hǎo shì qing。 |
| qǐng nǐ ài hù xiǎo qīng wā，hǎo ràng hé miáo bù shēng bìng。 |

表2

| hé s uǐ qīng qi g tiān ì qíng，xi o xiao qī g wā dà ǎn jin 。 |
| bǎ hù é m áo chī ài chó g，z ò le bù hǎo hǎo s ì qin 。 |
| ǐng n ài h xi o īng wā，hǎ r ng hé iáo bù s ēng bì g。 |

### 训练二

表1

| dà xīng ān lǐng，xuě huā hái zài fēi wǔ。cháng jiāng liǎng àn，liǔ zhī yǐ jīng fā yá。hǎi nán dǎo shang，dào chù shèng kāi zhe xiān huā。wǒ men de zǔ guó duō me guǎng dà。 |

表2

| d xī g ān lǐ g，x ě h ā há zài ēi w 。 háng jiān liǎ g n，l ǔ zhī ǐ jīn fā á。hǎ ná dǎo hang，dào hù s èng kā zhe iān huā。 ǒ men d zǔ gu duō me gu ng dà。 |

视觉转移

114

## 训练三

**表1**

| |
|---|
| rén zhī chū, xìng běn shàn, xìng xiāng jìn, xí xiàng yuǎn。gǒu bú jiāo, xìng nǎi qiān, jiāo zhī dào, guì yǐ zhuān。 |
| zǐ bù xué, fēi suǒ yí, yòu bù xué, lǎo hé wéi? yù bù zhuó, bù chéng qì, rén bù xué, bù zhī yì。 |

**表2**

| |
|---|
| r  zh  ch , x g ěn s àn, x ng xiāng  , xí xi ng yu 。 u b  iāo, xìn  i qiān, jiāo zhī d o, guì y  zh ān。 |
| zǐ  xué, fēi su  yí, yòu bù xu , l  hé wéi? y  bù zhu , bù  éng  , rén bù x é, bù  hī  ì。 |

## 训练四

**表1**

| |
|---|
| zhāo xiá bù chū mén, wǎn xiá xíng qiān lǐ。 |
| yǒu yǔ shān dài mào, wú yǔ bàn shān yāo。 |
| zǎo chén xià yǔ dāng rì qíng, wǎn shang xià yǔ dào tiān míng。 |
| mǎ yǐ bān jiā shé guò dào, dà yǔ bù jiǔ yào lái dào。 |

**表2**

| |
|---|
| zhāo xi  b  chū m , wǎn xiá  ng qiān  。 |
| yǒu  shān d  m o, w  yǔ  àn sh n y o。 |
| z  ch n xià yǔ āng rì, w n shang xi  y  dào ti n mín 。 |
| m  yǐ bā jiā sh  guò  o, dà yǔ bù  ǔ yào l  dào。 |

视觉转移

## 训练五

表1

shéi hé shéi hǎo？téng hé guā hǎo，tā men shǒu lā shǒu，bù chǎo yě bú nào。shéi hé shéi hǎo？mì fēng hé huā hǎo，mì fēng lái cǎi mì，huār yǎng liǎn xiào。shéi hé shéi hǎo？bái yún hé fēng hǎo，fēng wǎng nǎ lǐ guā，yún wǎng nǎ lǐ pǎo。

表2

shéi hé s éi  ǎo？t ng hé  uā hǎ ，t  me shǒ  lā  hǒu，b  chǎo y  b  nào。shé hé  héi hǎ ？mì  ēng h  huā  ǎo，mì  ēng l i c i mì， uār yǎ g liǎn xià 。s é hé  héi  ǎo？bá yún  é fē g hǎo， ēng w ng nǎ  ǐ  uā，y n wǎn  nǎ l  pǎ 。

## 训练六

表1

yǒu fàn néng chī bǎo，yǒu shuǐ bǎ chá pào。yǒu zú kuài kuài pǎo，yǒu shǒu qīng qing bào。yǒu yī chuān cháng páo，yǒu huǒ fàng biān pào。

bā bǎi biāo bīng bèn běi pō，pào bīng bìng pái běi biān pǎo。

pào bīng pà bǎ biāo bīng pèng，biāo bīng pà pèng pào bīng pào。

表2

y  fàn  éng ch  ǎo， ǒu shu  b  chá p  。yǒu z  k ài kuài  ǎo，yǒu sh u qī g  in  ào。yǒu yī  huān  háng p o，yǒu huǒ  ng b n  o。

bā b  āo b n  n běi  ō， ào bīng  ng pái běi biān  o。

p o bīng p  bǎ  āo bīng  èn， iāo bīn  pà  ng  ào bīng  o。

视觉转移

116

## 训练七

**表1**

hé yè yuán yuan de, lǜ lǜ de。xiǎo shuǐ zhū shuō："hé yè shì wǒ de yáo lán。"xiǎo shuǐ zhū tǎng zài hé yè shang，zhǎ zhe liàng jīng jing de yǎn jing。

xiǎo qīng tíng shuō："hé yè shì wǒ de tíng jī píng。"xiǎo qīng tíng lì zài hé yè shang，zhǎn kāi tòu míng de chì bǎng。

xiǎo qīng wā shuō："hé yè shì wǒ de wǔ tái。"xiǎo qīng wā dūn zài hé yè shang，guā guā de fàng shēng gē chàng。

xiǎo yúr shuō："hé yè shì wǒ de liáng sǎn。"xiǎo yúr zài hé yè xià xiào xī xi de yóu lái yóu qù，pěng qǐ yì duǒ duo hěn měi hěn měi de shuǐ huā。

**表2**

hé è yuán y an de, lǜ de。xi o sh zh shu ："hé y sh wǒ de yá l n。"xi o shu zhū t g zài h yè sh g，zhǎ zhe li ng īng jin de y ji 。

x o qī ng shuō："hé shì w de t ng j p ng。"x ǎo q g tíng zài h yè shong，zhǎn k tòu míng d ch b ng。

xi o q ng w shuō："h è shì wǒ de wǔ tái。"xi qīng dūn z i hé yè sh ng，gu g ā de f ng sh g gē ch ng。

xi yú shuō："hé yè shì wǒ de li g s n。"xiǎo y r zài hé yè xi xiào x de yóu lái y q，p ng q yì du duo hěn m hěn měi d shuǐ uā。

视觉转移

## 玩法二　近义词连线

**训练要求：** 请小朋友阅读下列所有词语，**将意思相近的一对词语用铅笔连线**，连线尽量要直（不要用直尺）。

**训练目标：** 正确率越高、完成的时间越短越好。

### 训练一 （进阶）

告别　●　　　●　意有
鼓励　●　　　●　估量
瑰宝　●　　　●　当然
固然　●　　　●　关怀
估计　●　　　●　珍宝
故意　●　　　●　鼓舞
恭敬　●　　　●　尊敬
关心　●　　　●　告辞

### 训练二 （进阶）

机灵　●　　　●　柔嫩
积累　●　　　●　灵巧
寄托　●　　　●　积存
艰难　●　　　●　克制
娇嫩　●　　　●　仰慕
节制　●　　　●　寄予
谨慎　●　　　●　慎重
精致　●　　　●　困难
敬仰　●　　　●　精巧

## 训练三 进阶

筑强奔密地力要固
建坚飞周境尽将牢拯错
建交

将驰固毅造织力救密
即飞坚建交竭解精境

## 训练四 进阶

闲落会活累列然拓疲避
空沦领灵劳排竟开内躲

然辟暇避疲苦便略陷列
居开空逃愧劳灵领沦罗

## 训练五 进阶

考先逛密惜晓上待意方大
思领闲紧悒拂马招中大盛

意步先切慨惜量待明即重
满漫率密慷可思款黎立隆

视觉转移

119

## 训练六 （进阶）

强断异概盛丽
牵推奇气茂美模糊励
一般行偏僻评判

密茂朦胧勉励勉强判断批评僻静漂亮品格普通奇妙气势

## 训练七 （进阶）

清楚备阅量责批商害损神奇驱逐伏用有发启轻视轻快

启示潜伏谴责轻蔑轻盈清晰驱赶伤害商议神秘审阅实用

视觉转移

**训练八**

|  | |  |
|---|---|---|
| 特殊 ● | ● | 探究 |
| 肃静 ● | ● | 纯洁 |
| 探索 ● | ● | 素养 |
| 疲惫 ● | ● | 商量 |
| 平庸 ● | ● | 奇特 |
| 素质 ● | ● | 气度 |
| 气魄 ● | ● | 特别 |
| 清晰 ● | ● | 清楚 |
| 亲密 ● | ● | 略微 |
| 清纯 ● | ● | 亲热 |
| 商议 ● | ● | 安静 |
| 稍微 ● | ● | 平凡 |
| 奇妙 ● | ● | 疲倦 |

# 高阶训练

## 玩法一　算数减法计算

**训练要求：** 1.用前一位数减去后一位数，将得到的差写在下一个方格中。如果被减数小于减数，被减数自动+10变为十几。如：6-4=2，在方格内写"2"；4-6不够减，就当作14-6=8，那么只需要填写"8"就可以了。

2.直到出现与第1、2位数字相同的数时，循环结束。

3.数出循环结束前，共有多少个数字。

**训练目标：** 正确率越高、完成的时间越短越好。

**训练例题：**

| 4 | 1 | 3 | 8 | 5 | 3 | 2 | 1 | 1 | 0 | 1 | 9 |
|---|---|---|---|---|---|---|---|---|---|---|---|
| 2 | 7 | 5 | 2 | 3 | 9 | … | … | 4 | 1 | | |

## 训练一 高阶

| 8 | 4 | | | | | | | | | | | | |
|---|---|---|---|---|---|---|---|---|---|---|---|---|---|
|   |   |   |   |   |   |   |   |   |   |   |   |   |   |

## 训练二 高阶

| 6 | 3 | | | | | | | | | | | | |
|---|---|---|---|---|---|---|---|---|---|---|---|---|---|
|   |   |   |   |   |   |   |   |   |   |   |   |   |   |
|   |   |   |   |   |   |   |   |   |   |   |   |   |   |
|   |   |   |   |   |   |   |   |   |   |   |   |   |   |
|   |   |   |   |   |   |   |   |   |   |   |   |   |   |

视觉转移

## 训练三 高阶

| 5 | 2 | | | | | | | | | | | | |
|---|---|---|---|---|---|---|---|---|---|---|---|---|---|
|   |   |   |   |   |   |   |   |   |   |   |   |   |   |
|   |   |   |   |   |   |   |   |   |   |   |   |   |   |
|   |   |   |   |   |   |   |   |   |   |   |   |   |   |
|   |   |   |   |   |   |   |   |   |   |   |   |   |   |

## 训练四

| 6 | 1 | | | | | | | | | | | |
|---|---|---|---|---|---|---|---|---|---|---|---|---|
| | | | | | | | | | | | | |
| | | | | | | | | | | | | |
| | | | | | | | | | | | | |
| | | | | | | | | | | | | |

## 训练五

| 9 | 1 | | | | | | | | | | | |
|---|---|---|---|---|---|---|---|---|---|---|---|---|
| | | | | | | | | | | | | |
| | | | | | | | | | | | | |
| | | | | | | | | | | | | |
| | | | | | | | | | | | | |

视觉转移

## 训练六

| 5 | 4 | | | | | | | | | | | |
|---|---|---|---|---|---|---|---|---|---|---|---|---|
| | | | | | | | | | | | | |
| | | | | | | | | | | | | |
| | | | | | | | | | | | | |
| | | | | | | | | | | | | |

## 玩法二　古诗连线

**训练要求：** 请小朋友按照**古诗的正确顺序**连线，顺序不能错，两点间用铅笔画出直线连接，连线尽量要直（不要用直尺）。

**训练目标：** 直线越直、完成的时间越短越好。

### 训练一　[宋] 王安石《泊船瓜洲》（高阶）

京口瓜洲一水间，钟山只隔数重山。春风又绿江南岸，明月何时照我还？

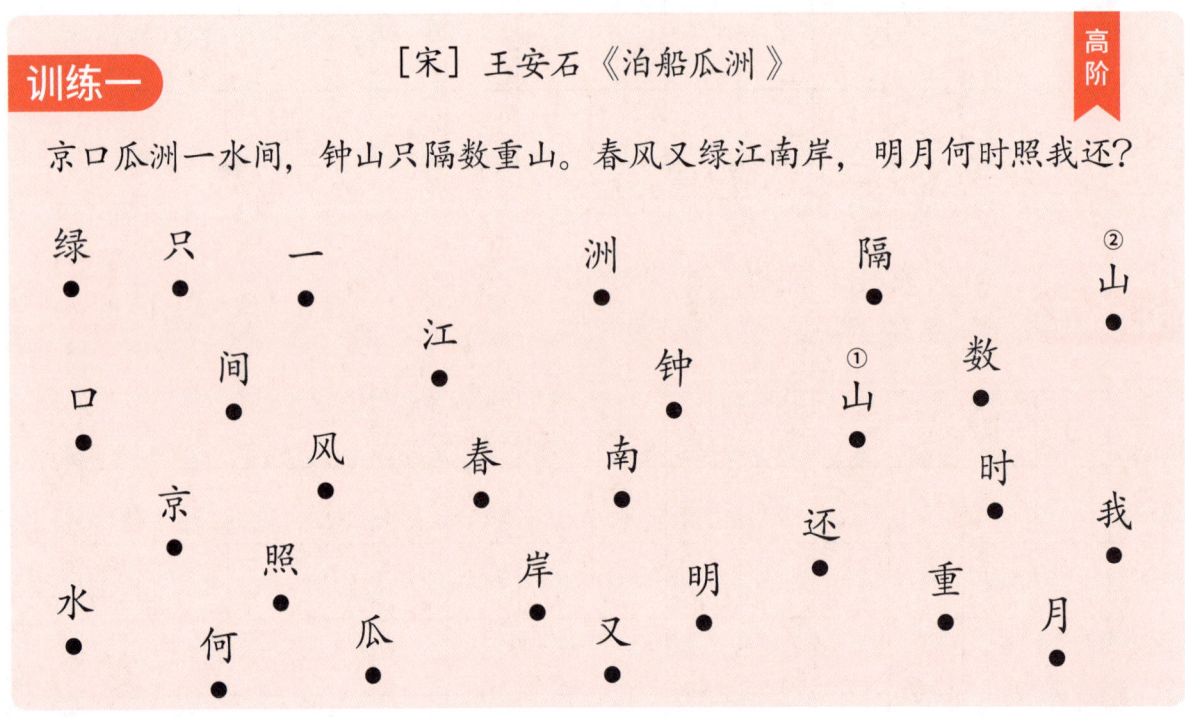

### 训练二　[唐] 李白《望庐山瀑布》（高阶）

日照香炉生紫烟，遥看瀑布挂前川。飞流直下三千尺，疑是银河落九天。

视觉转移

## 训练三 高阶

[唐] 杜甫《绝句》

两个黄鹂鸣翠柳，一行白鹭上青天。窗含西岭千秋雪，门泊东吴万里船。

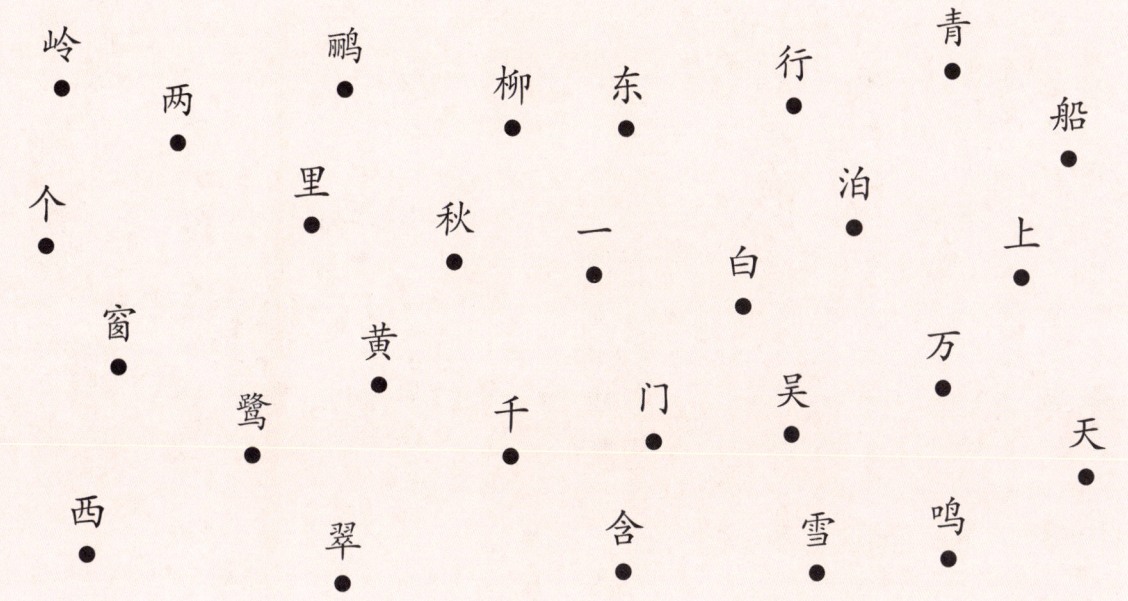

## 训练四 高阶

[宋] 李清照《夏日绝句》

生当作人杰，死亦为鬼雄。至今思项羽，不肯过江东。

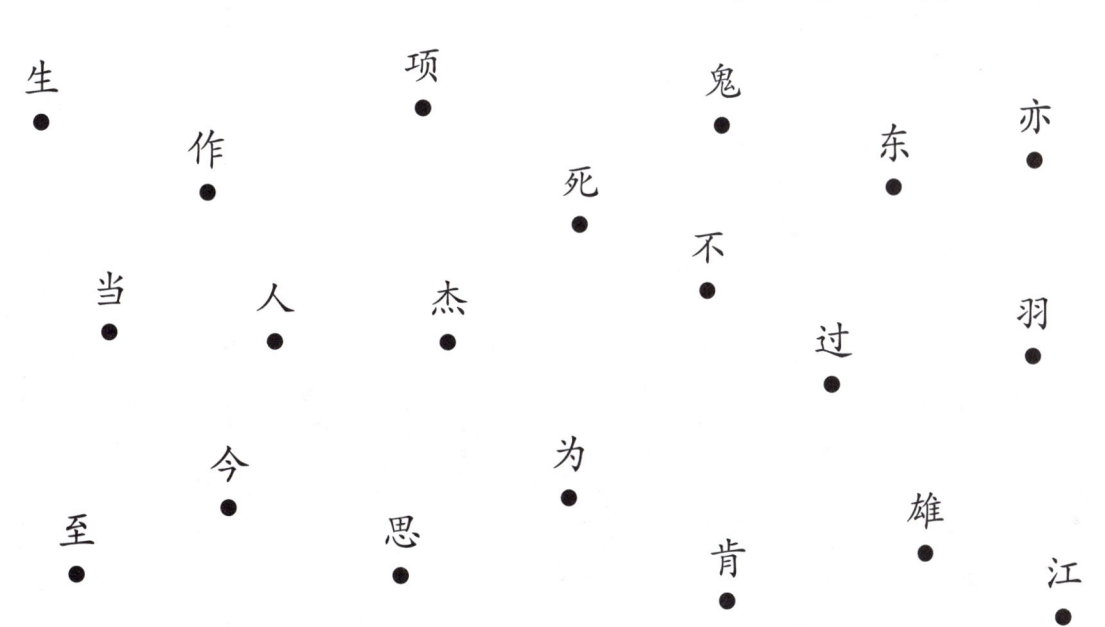

## 训练五

[宋]苏轼《惠崇春江晚景》

竹外桃花三两枝,春江水暖鸭先知。蒌蒿满地芦芽短,正是河豚欲上时。

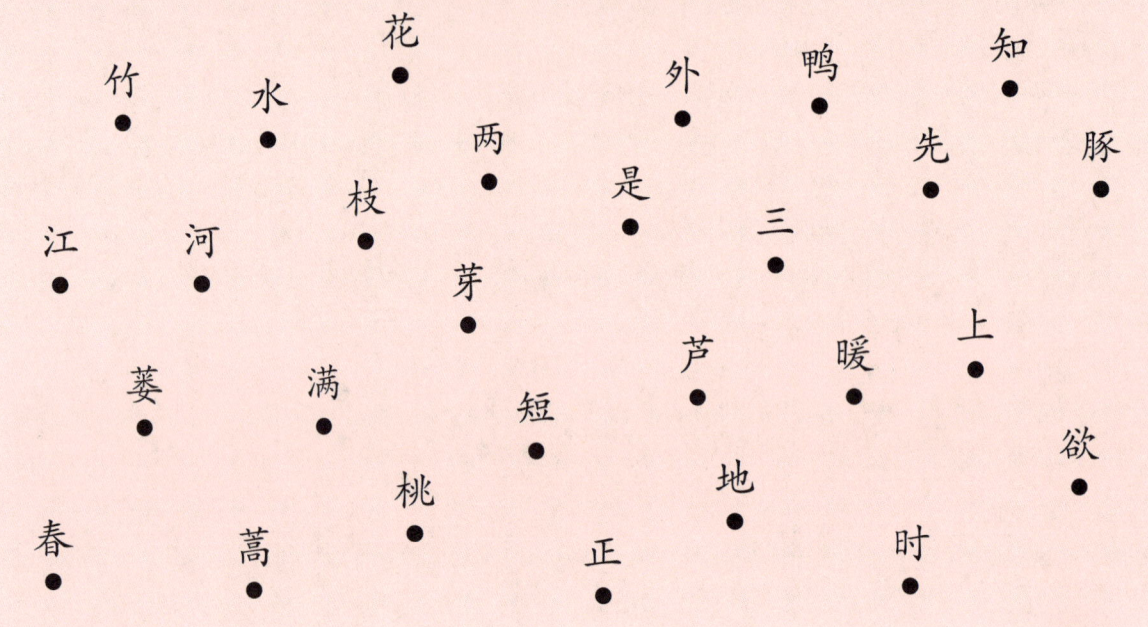

## 训练六

[宋]杨万里《晓出净慈寺送林子方》

毕竟西湖六月中,风光不与四时同。接天莲叶无穷碧,映日荷花别样红。

**训练七**

[唐] 王翰《凉州词》

葡萄美酒夜光杯，欲饮琵琶马上催。醉卧沙场君莫笑，古来征战几人回？

**训练八**

[唐] 王昌龄《出塞》

秦时明月汉时关，万里长征人未还。但使龙城飞将在，不教胡马度阴山。

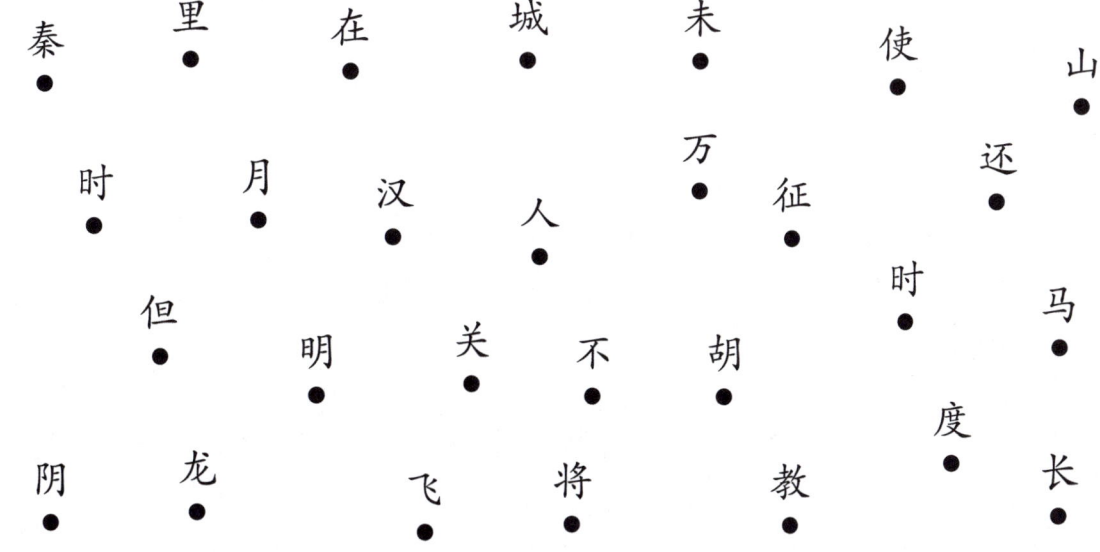

# 视觉广度能力

解决的问题：粗心大意、做事马虎、急躁，容易被外在事物影响

准备的材料：训练资料、笔、计时器

# 视觉广度能力  训练说明

孩子被贴上"粗心大意"的标签,阅读时跳字、串行;写作业时丢三落四,审题不清;观察事物往往只看到局部,看不到整体,这极大可能是视觉广度不够造成的。

视觉广度的缺失,除了造成孩子"粗心大意",更会影响孩子的理解能力和做事效率,最常见的表现就是把会做的题目做错且不能按时完成考试题目和作业量。

视觉广度能力的训练,主要是通过数字统计、方位判断、分析推理等方法,拓宽孩子的视觉广度。

经过有效的训练后,孩子不仅能学会细致观察,快速思考,还能左右脑齐开动,让学习专注而高效。

本训练课由易到难,可先完成初阶训练,再进行进阶训练。也可由孩子自行选择当天要训练的内容,建议每天训练时长不少于15分钟。

坚持训练,注意力提升看得见!

让我们和孩子一起成长,一起精彩!

# 初阶训练

**玩法一　视觉数数**

**训练要求：** 请小朋友集中注意力，**用眼睛看出每个图形的总数后，将答案写在对应的横线处。** 在训练的过程中，不能用手或笔指着数哦！

**训练目标：** 正确率越高、完成的时间越短越好。

**训练一**

☺ : _____ 个

**训练二**

𝖶 : _____ 个

训练三

● ：____个

训练四

◓ ：____个

视觉广度

**训练五**

◯ : _____ 个

**训练六**

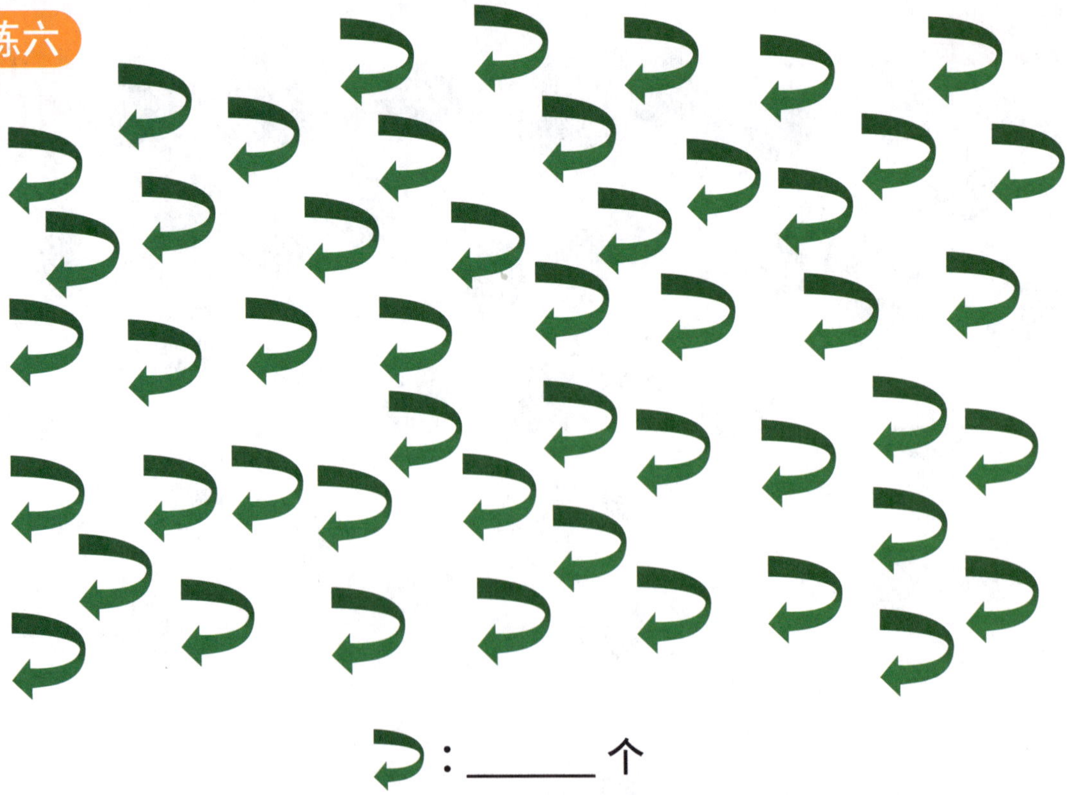

⤺ : _____ 个

视觉广度

训练七

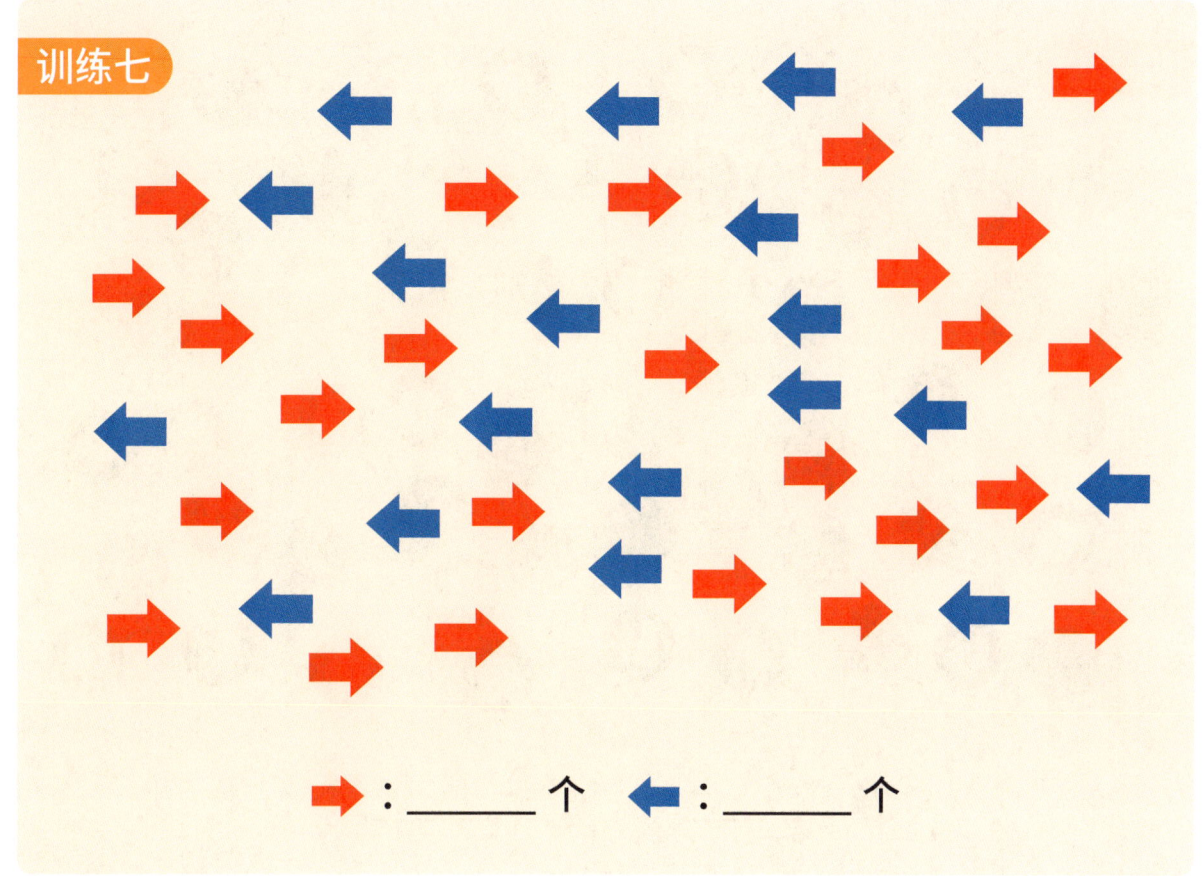

➡ : _____ 个　　⬅ : _____ 个

训练八

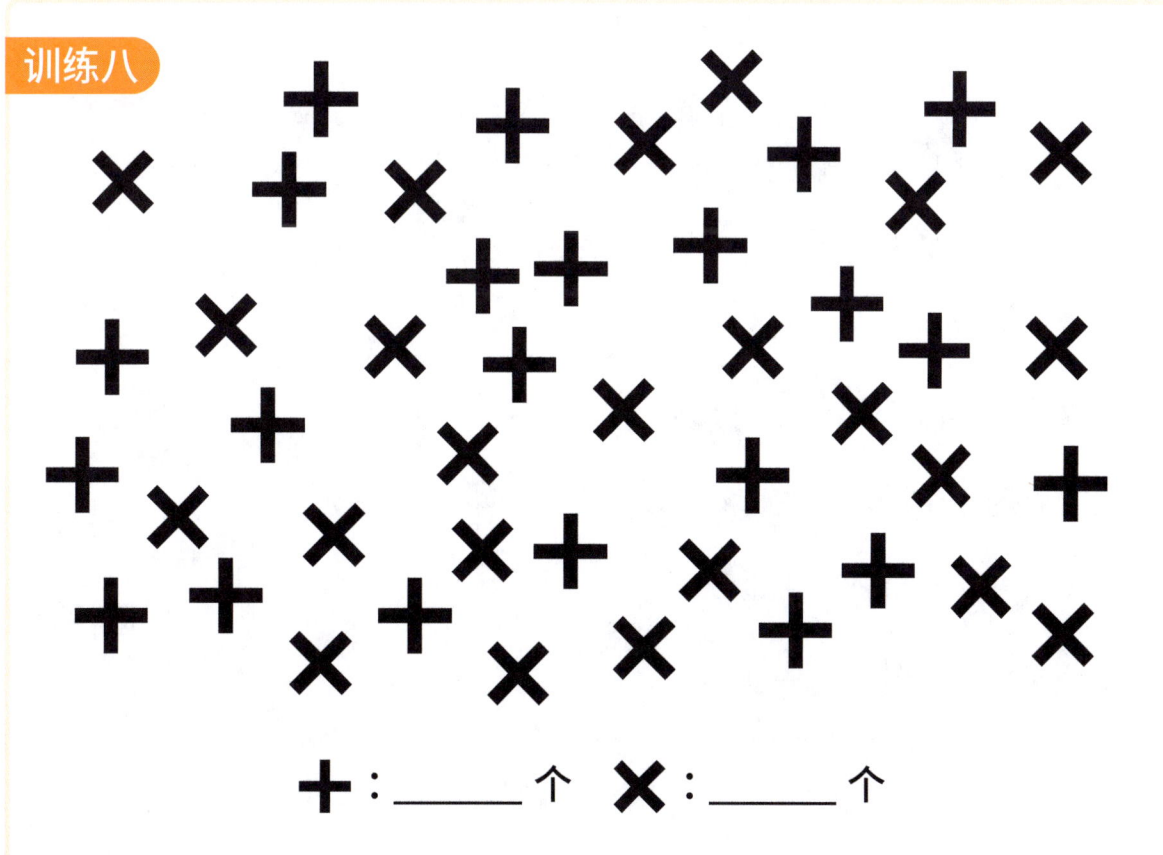

✚ : _____ 个　　✖ : _____ 个

视觉广度

**训练九**

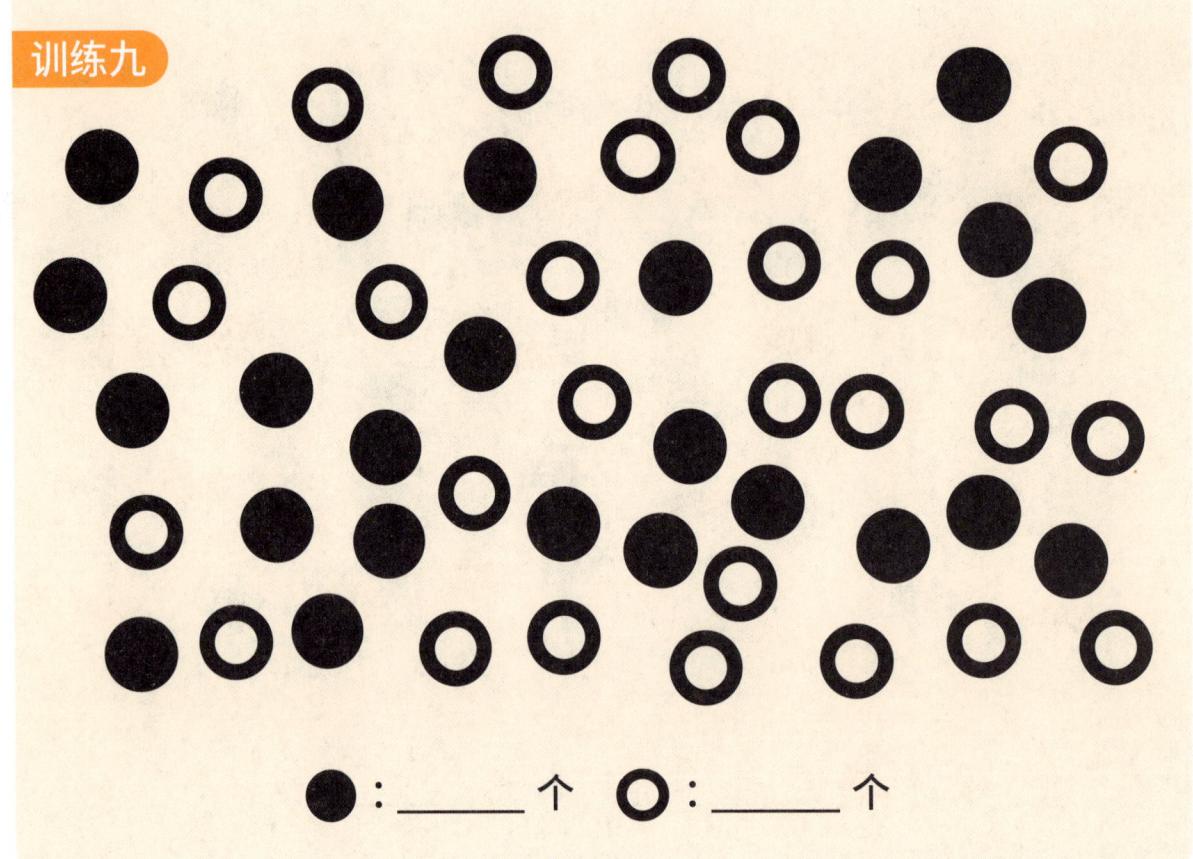

●：____个　○：____个

**训练十**

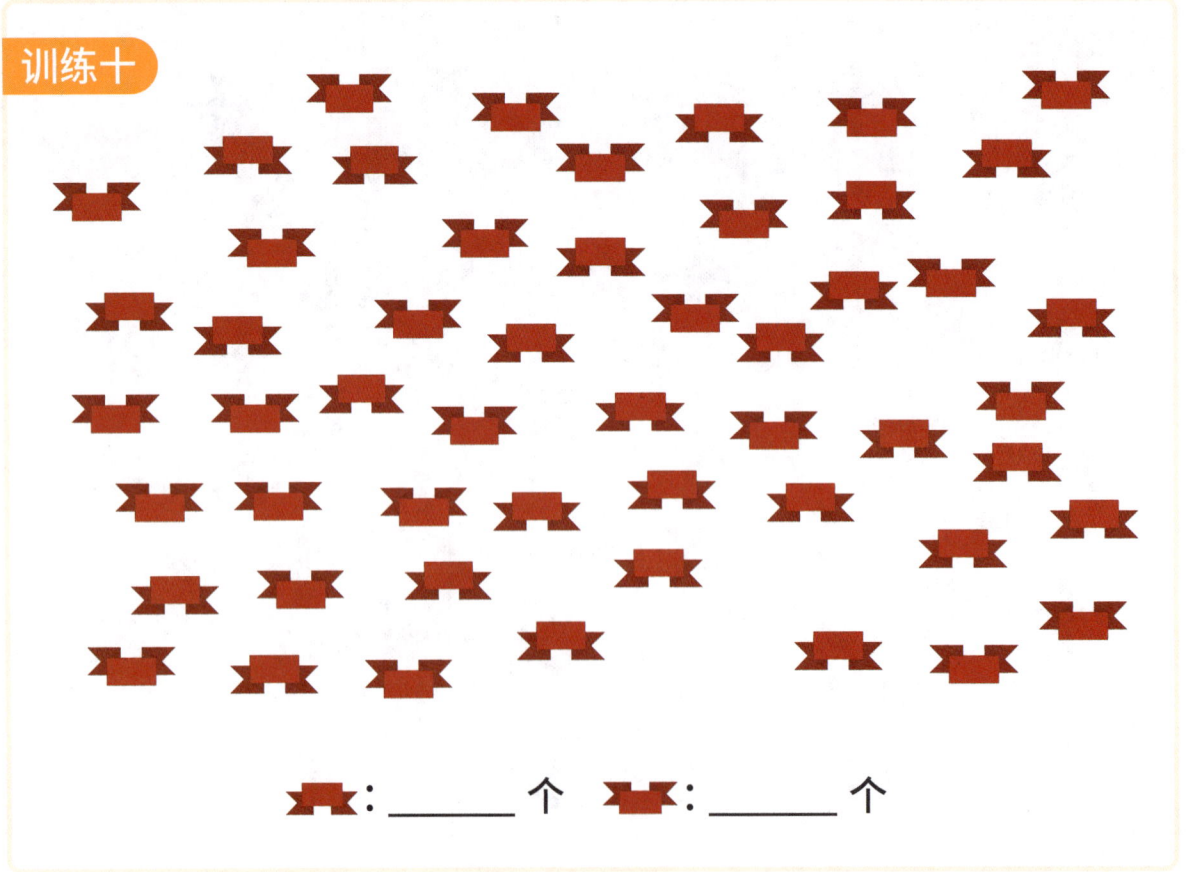

▰：____个　▰：____个

视觉广度

## 玩法二 诗词填空

**训练要求**：请小朋友按照给出的每一个成语的正确顺序，分别将方格中的小成语快速朗读完，**并将缺失的汉字补写到空白方格里。**

**训练目标**：正确率越高、完成的时间越短越好。

### 训练一

春回大地、万物复苏、柳绿花红、莺歌燕舞

| 回 | 燕 | 万 | 地 |
|---|---|---|---|
| 物 | 苏 | 红 | 绿 |
| 花 | 舞 | 春 | 歌 |
| 大 | 柳 |   | 复 |

### 训练二

百花齐放、接二连三、争分夺秒、东张西望

| 三 | 秒 | 望 | 放 |
|---|---|---|---|
| 接 | 百 | 二 | 分 |
| 夺 |   | 张 | 东 |
| 齐 | 西 | 花 | 连 |

### 训练三

雪上加霜、耳聪目明、左右开弓、漫山遍野

| 霜 | 山 | 右 | 耳 |
|---|---|---|---|
| 野 | 雪 | 弓 | 漫 |
|   |   | 目 | 遍 | 开 |
| 加 | 左 | 明 | 上 |

视觉广度

## 训练四

和风细雨、万紫千红、自以为是、天长地久

| 紫 | 自 | 地 | 细 |
|---|---|---|---|
| 久 | 和 | 红 | 雨 |
| 是 | 以 | 万 | 长 |
| 千 | 天 |   | 风 |

## 训练五

山清水秀、手舞足蹈、早出晚归、千真万确

| 秀 | 早 |   | 清 |
|---|---|---|---|
| 晚 | 手 | 真 | 足 |
| 千 | 归 | 出 | 确 |
| 山 | 舞 | 万 | 水 |

## 训练六

一帆风顺、二人同心、三思而行、四海升平

| 平 | 人 | 风 |   |
|---|---|---|---|
| 一 | 二 | 海 | 思 |
| 同 | 帆 | 心 | 而 |
| 升 | 行 | 三 | 顺 |

## 训练七

一马当先、日新月异、开门见山、举世闻名

| 先 | 名 | 一 | 世 |
|---|---|---|---|
| 开 | 日 | 山 | 门 |
|   | 月 | 举 | 当 |
| 马 | 闻 | 见 | 新 |

视觉广度

**训练八**　多此一举、名副其实、书香世家、人杰地灵

| 举 | 香 | 杰 | 此 |
|---|---|---|---|
| 家 | 多 |   | 其 |
| 灵 | 实 | 书 | 人 |
| 名 | 地 | 世 | 一 |

**训练九**　单枪匹马、美中不足、水落石出、有目共睹

| 枪 | 有 | 共 | 石 |
|---|---|---|---|
|   | 美 | 足 | 匹 |
| 不 | 目 | 落 | 中 |
| 出 | 单 | 水 | 马 |

**训练十**　笑口常开、长生不老、情同手足、正大光明

| 长 | 大 | 同 | 光 |
|---|---|---|---|
| 明 | 情 | 笑 | 生 |
| 手 | 正 | 老 |   |
| 口 | 不 | 足 | 开 |

## 玩法三　数蛋糕

**训练要求：** 请小朋友观察图片中的蛋糕，集中注意力，用眼睛看，不能用手或笔指着数，**最后记录蛋糕的层数以及各个装饰物的个数。**

**训练目标：** 正确率越高、完成的时间越短越好。

训练一

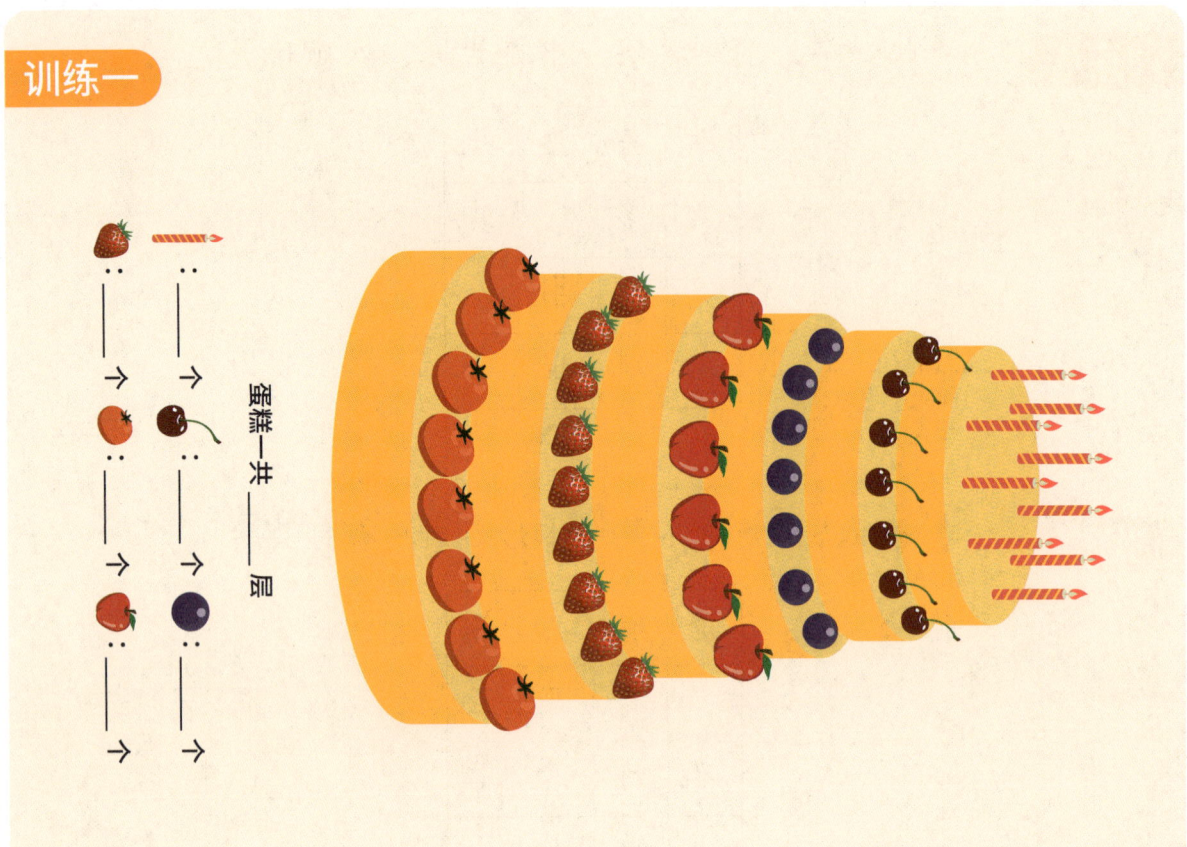

蛋糕一共____层

训练二

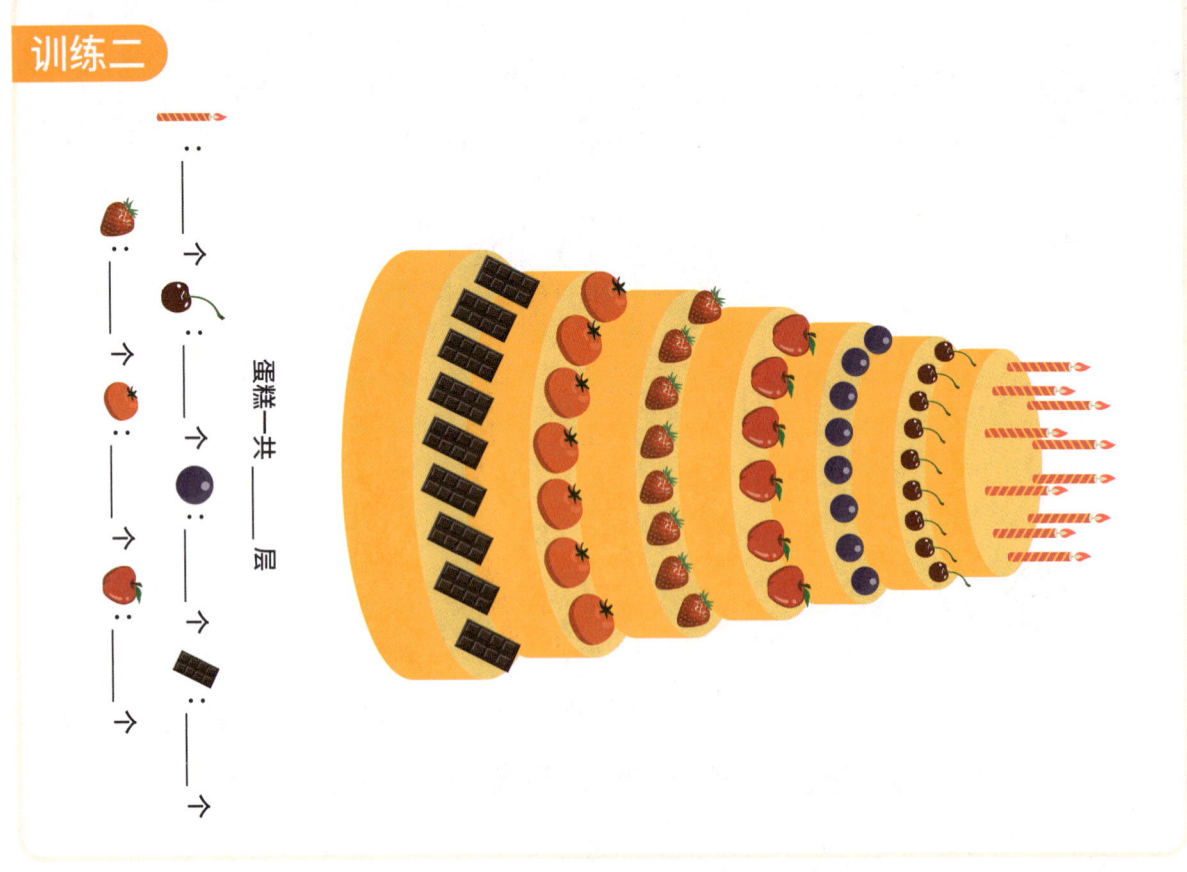

蛋糕一共____层

视觉广度

训练三

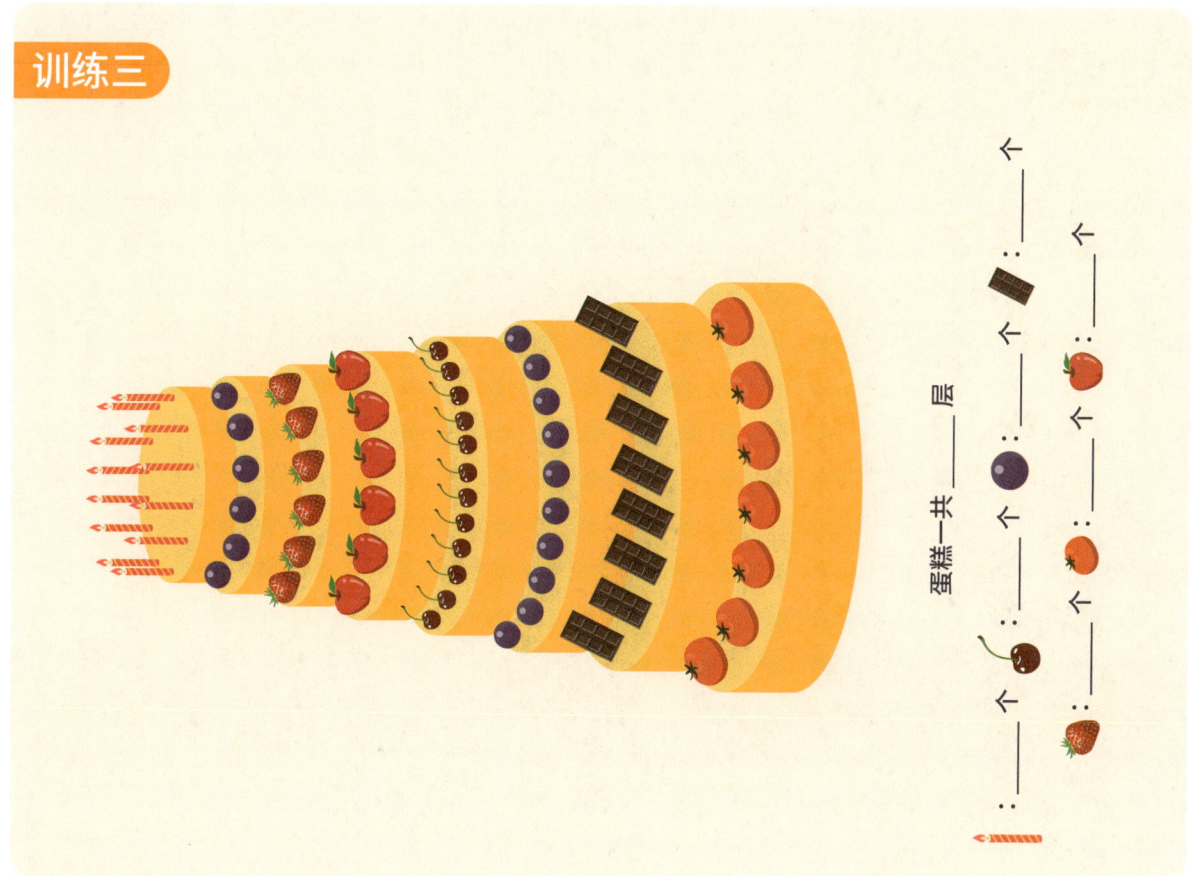

蛋糕一共____层

训练四

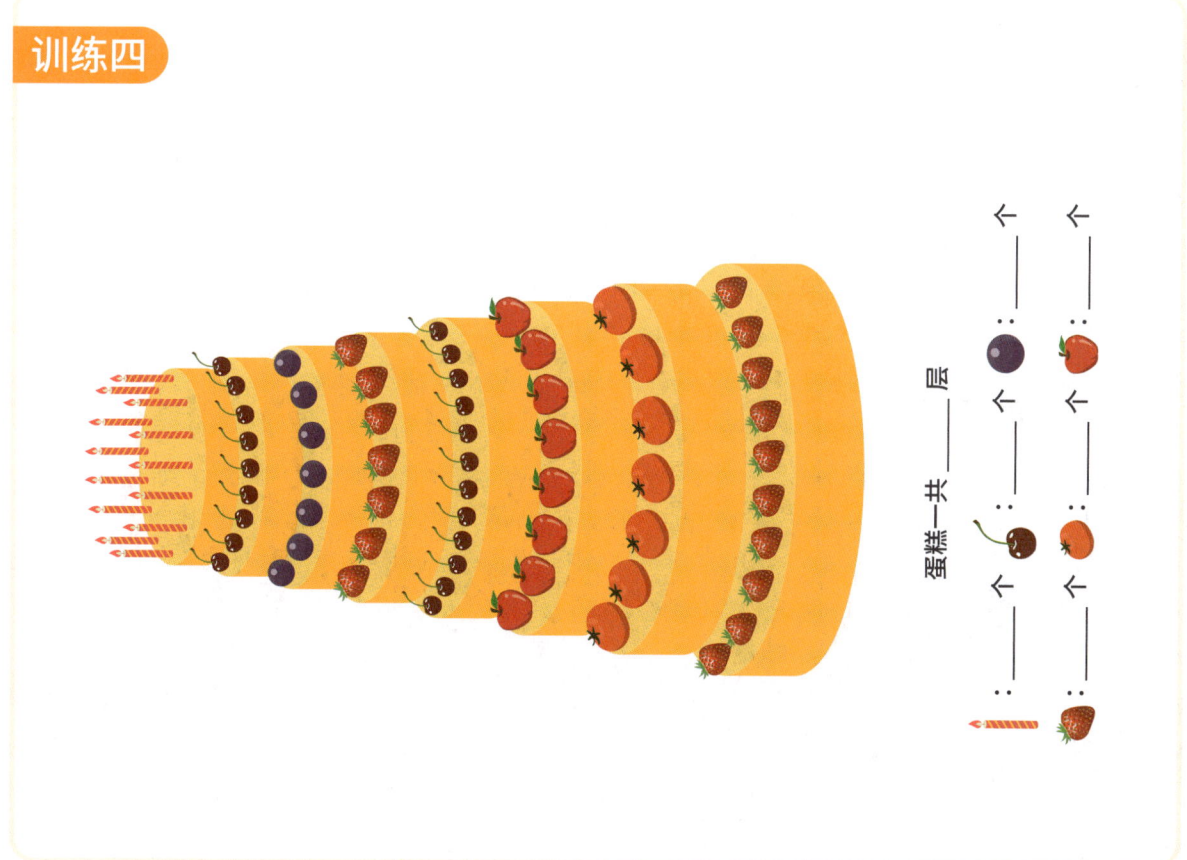

蛋糕一共____层

视觉广度

**训练五**

蛋糕一共____层

**训练六**

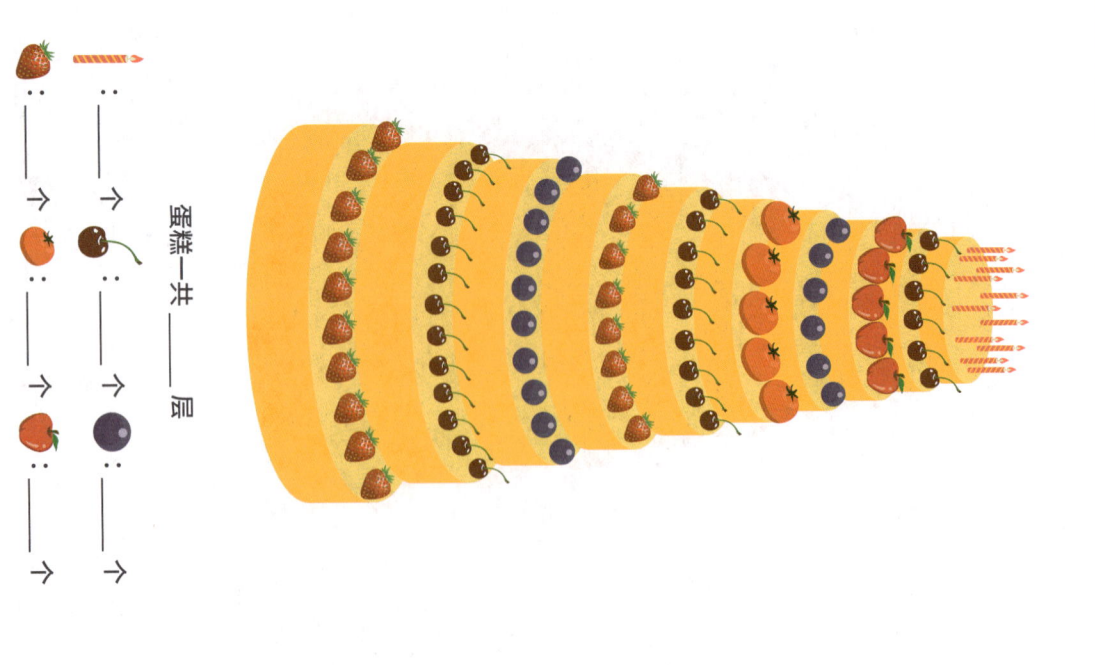

蛋糕一共____层

训练七

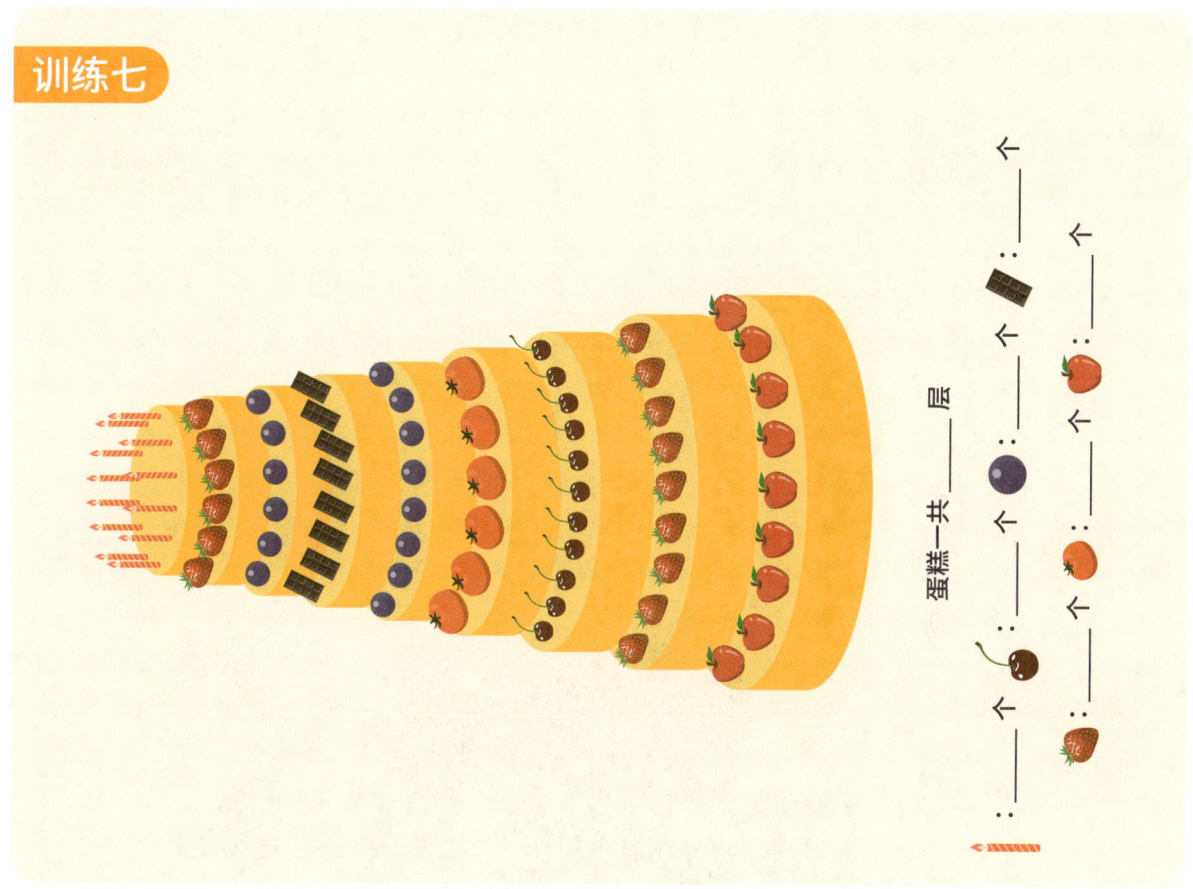

训练八

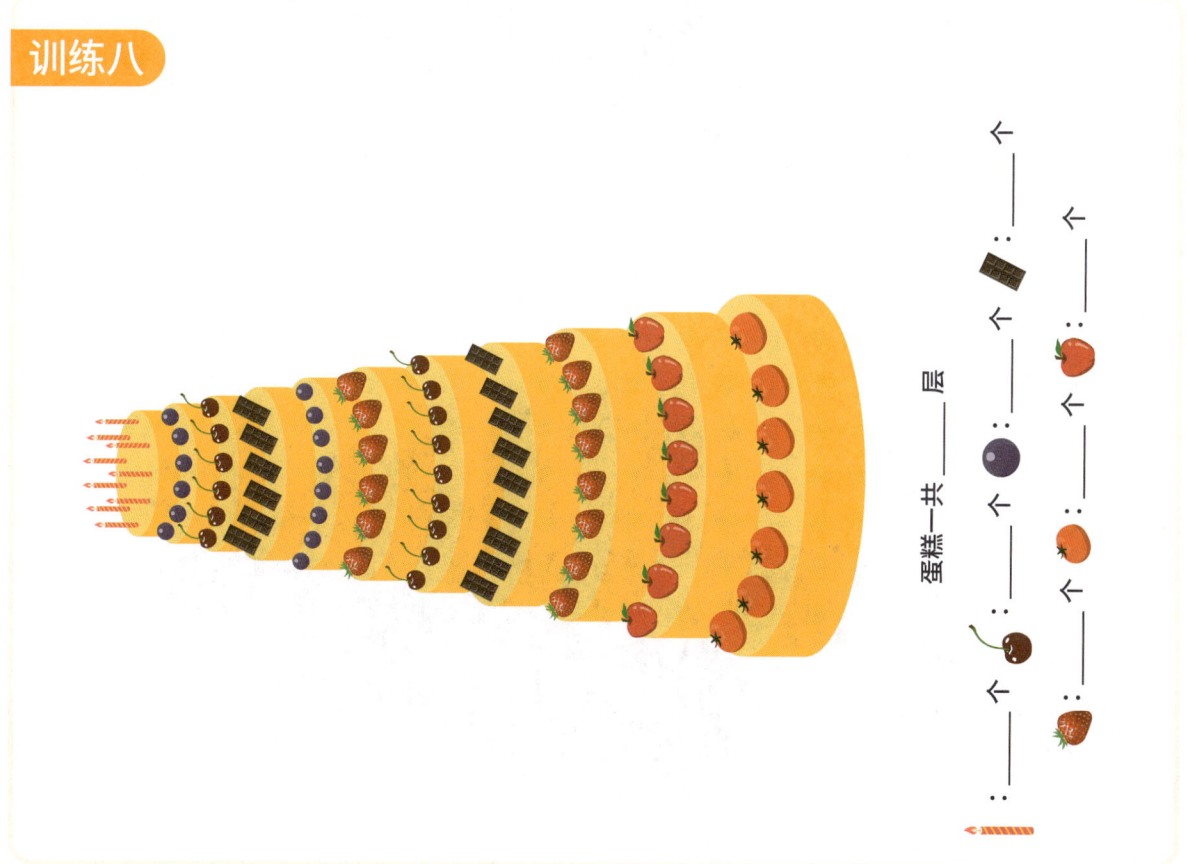

视觉广度

# 进阶训练

## 玩法一　数数圣诞树

**训练要求**：请小朋友仔细观察圣诞树上的图形，用眼睛看，不能用手或笔指着数，最后**记录每个图形的数量**。

**训练目标**：正确率越高、完成的时间越短越好。

### 训练一

### 训练二

**训练三** 进阶

**训练四** 进阶

视觉广度

**训练五**

**训练六**

**训练七** 进阶

**训练八** 进阶

## 玩法二  补充数字

**训练要求：** 下列图形中的阿拉伯数字是无序排列的，请小朋友**按要求的数字顺序，快速准确地读出数字，并且找出方格中丢失的数字，写在空白方格里。**

**训练目标：** 正确率越高、完成的时间越短越好。

**训练一** 按1—16的数字顺序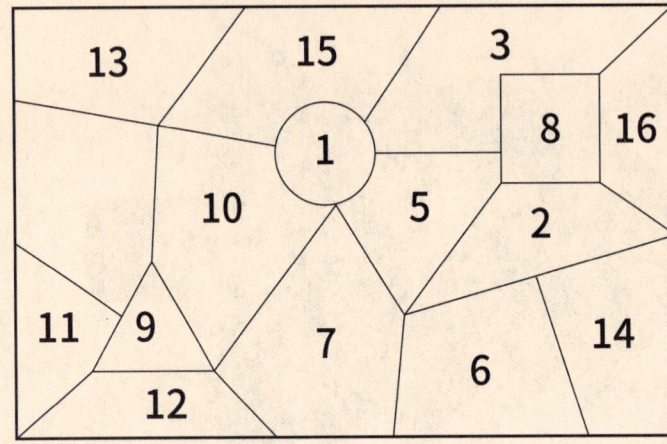

**训练二** 按1—16的数字顺序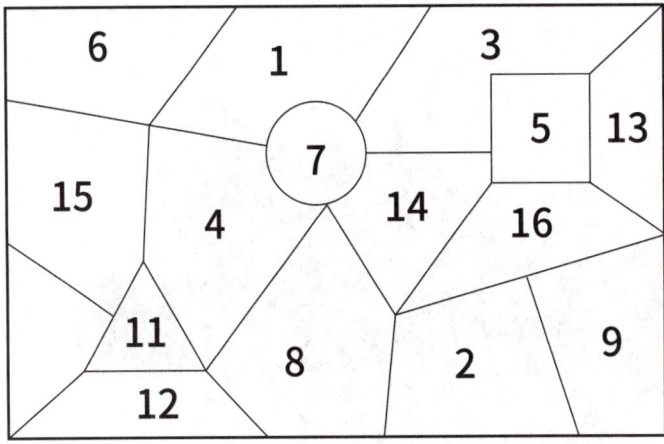

**训练三** 按1—25的数字顺序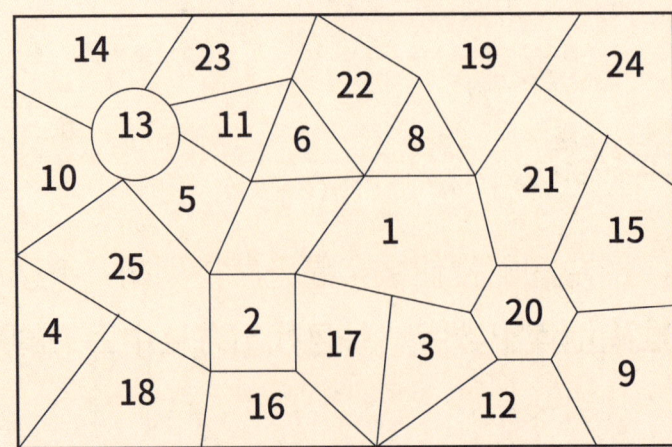

视觉广度

**训练四** 按1—25的数字顺序 进阶

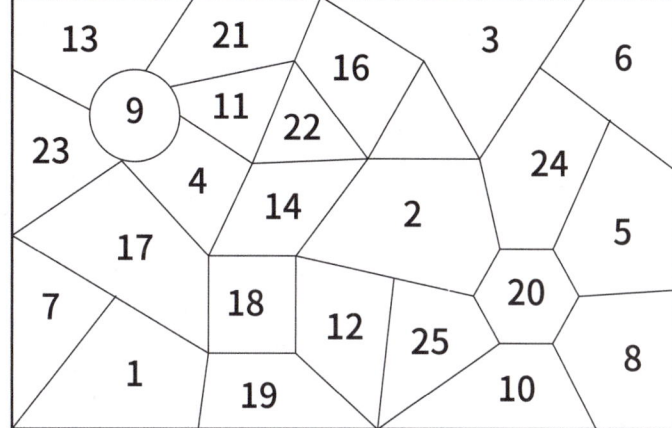

**训练五** 按25—1的数字顺序 进阶

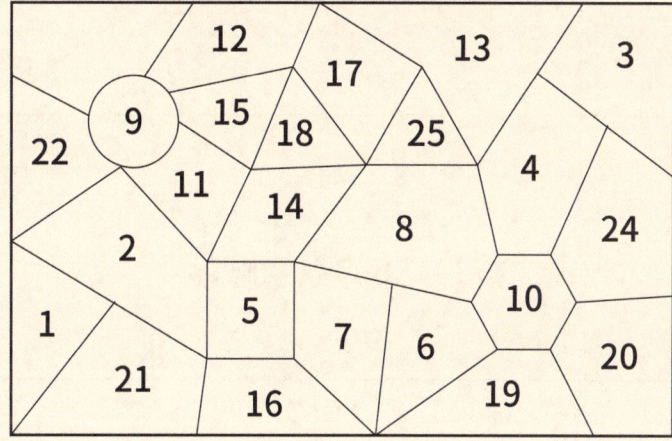

**训练六** 按25—1的数字顺序 进阶

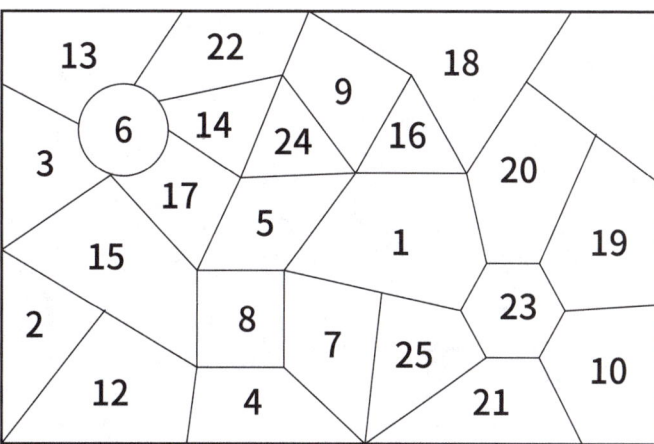

视觉广度

149

**训练七** 按1—36的数字顺序

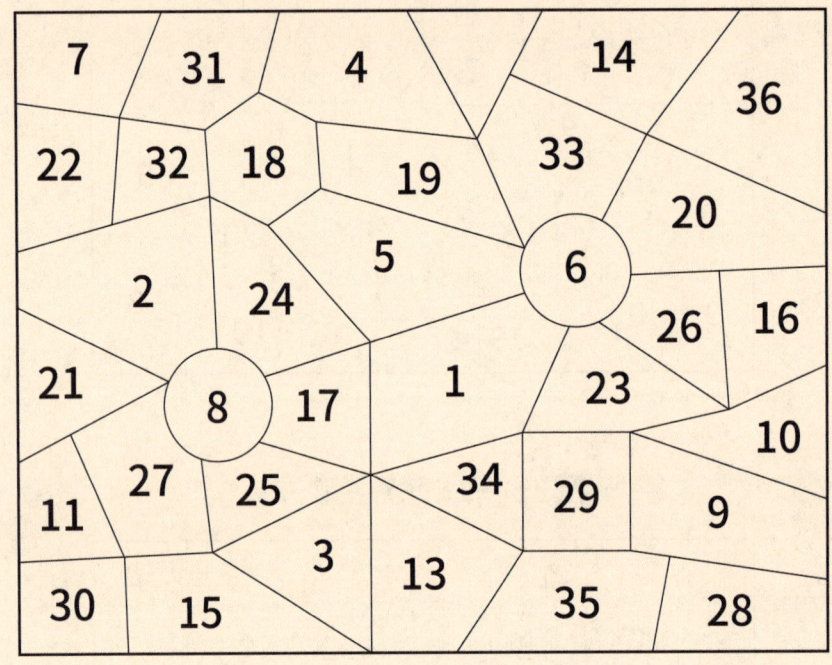

**训练八** 按1—36的数字顺序

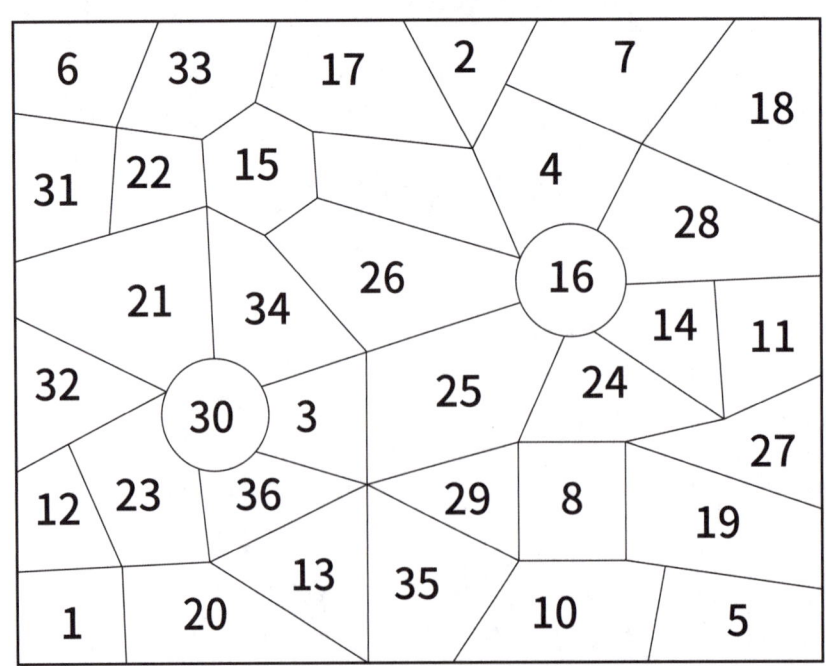

**训练九**  按36—1的数字顺序

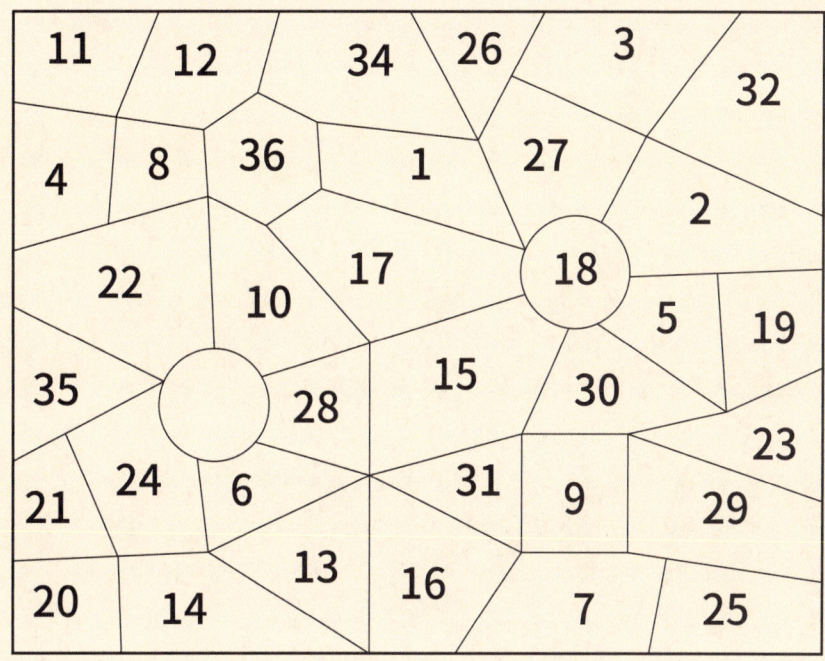

**训练十**  按36—1的数字顺序

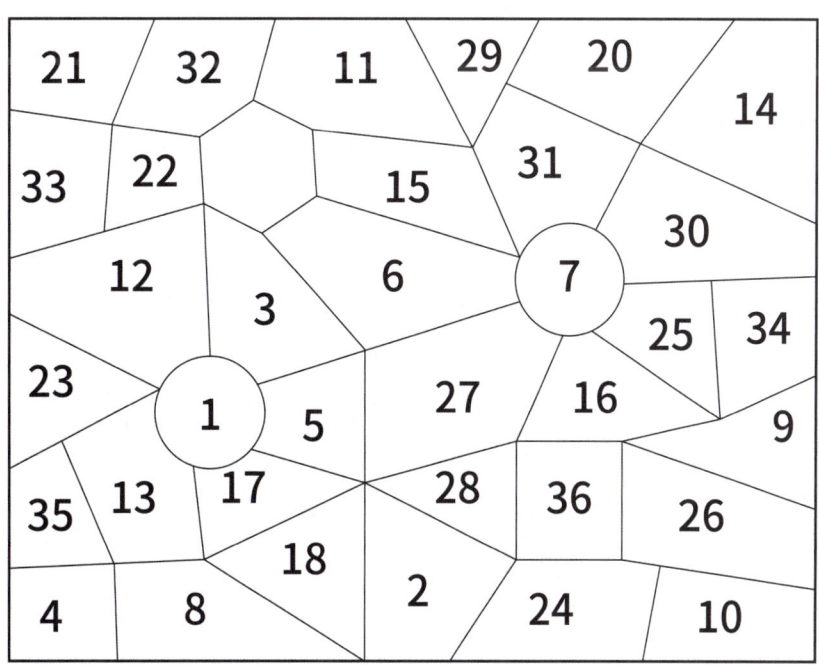

# 视觉追踪能力

解决的问题：写作业拖拉磨蹭，不爱读书，看黑板上的字速度慢
准备的材料：训练资料、笔、计时器

## 视觉追踪能力　训练说明

孩子在用眼睛摄取文字、图像时，并不是逐字注视，而是逐段平移，形成一条平行移动的注视点轨迹，这个过程就叫视觉追踪。

如果孩子视觉追踪能力弱，就会有以下表现：在阅读时磕磕绊绊、跳字、跳行等；在做题时审题不清，经常丢分；甚至拿起书本看一会儿就觉得累。视觉追踪能力差，不仅影响学习效率，更有可能诱发孩子的学习心理障碍。

视觉追踪能力的训练，主要是针对视觉神经系统进行全方位的强化。在有效的训练后，孩子视敏度和视精度都能得到有效提升，从而在阅读和学习中保持集中性、持续性，以及良好的抗干扰能力。

本训练课由易到难，可先完成初阶训练，再进行进阶训练。也可由孩子自行选择当天要训练的内容，建议每天训练时长不少于15分钟。

坚持训练，注意力提升看得见！

让我们和孩子一起成长，一起精彩！

# 初阶训练

**玩法一　扫视折线**

**训练要求：** 眼睛平视题本，距离题本20厘米左右，**扫视时，视线从黑圈〇开始，按照箭头的方向，沿着黑线扫视每一个黑点●，直到最后一个黑点●，再回到黑圈〇**，这个过程为一次训练；如训练中没有黑点的，从黑圈〇开始，按照箭头方向，沿黑线扫视直到回到黑圈〇为一次训练。扫视过程中，小朋友头不能转动，眼睛一定要看清楚黑线哦！

**训练目标：** 完成扫视3次，完成所用的时间越短越好。

### 训练一

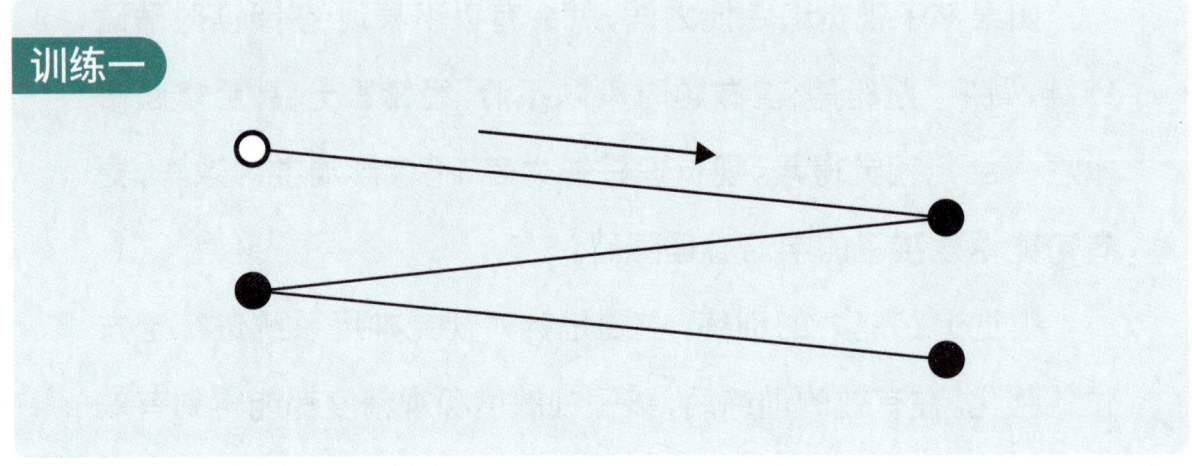

### 训练二

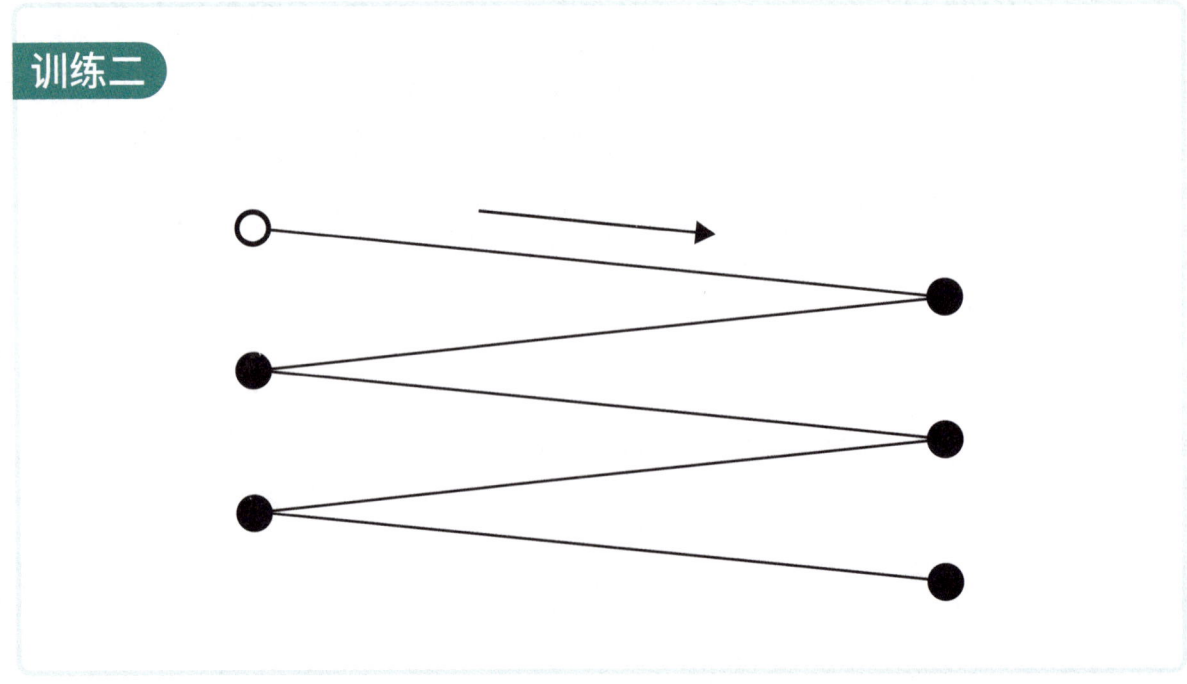

训练三

训练四

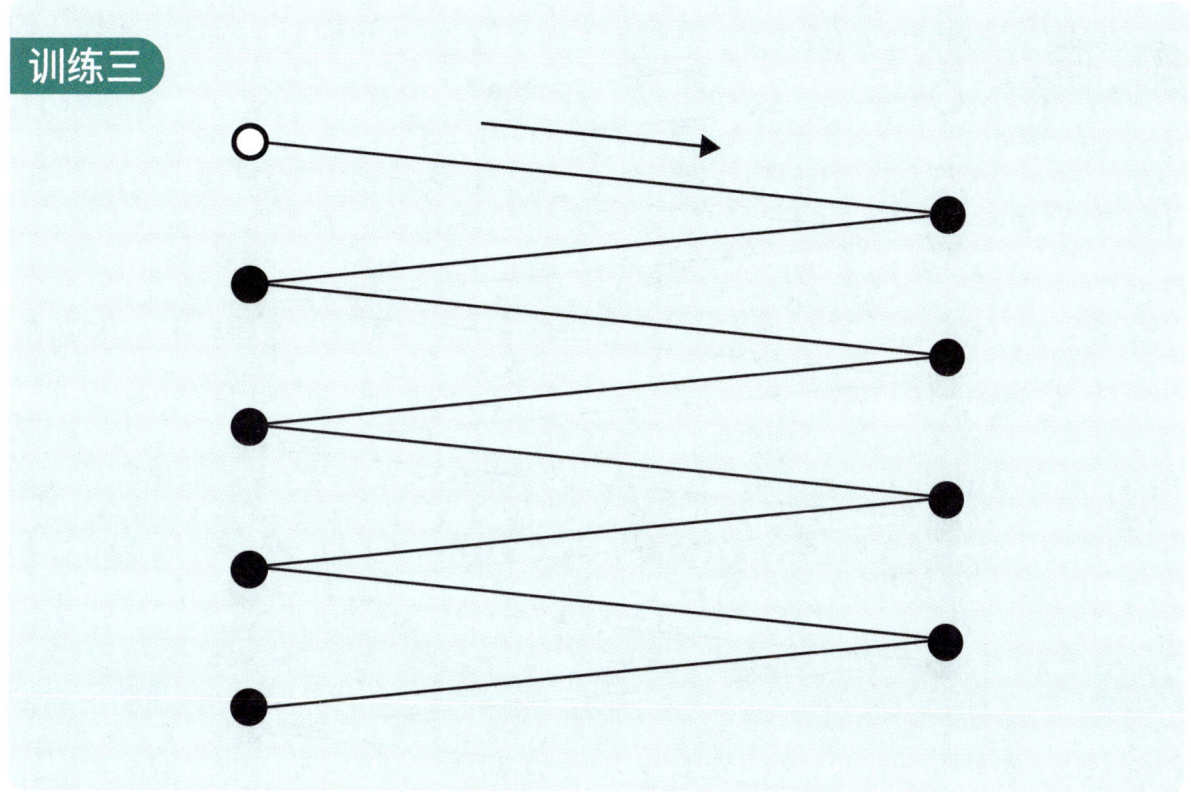

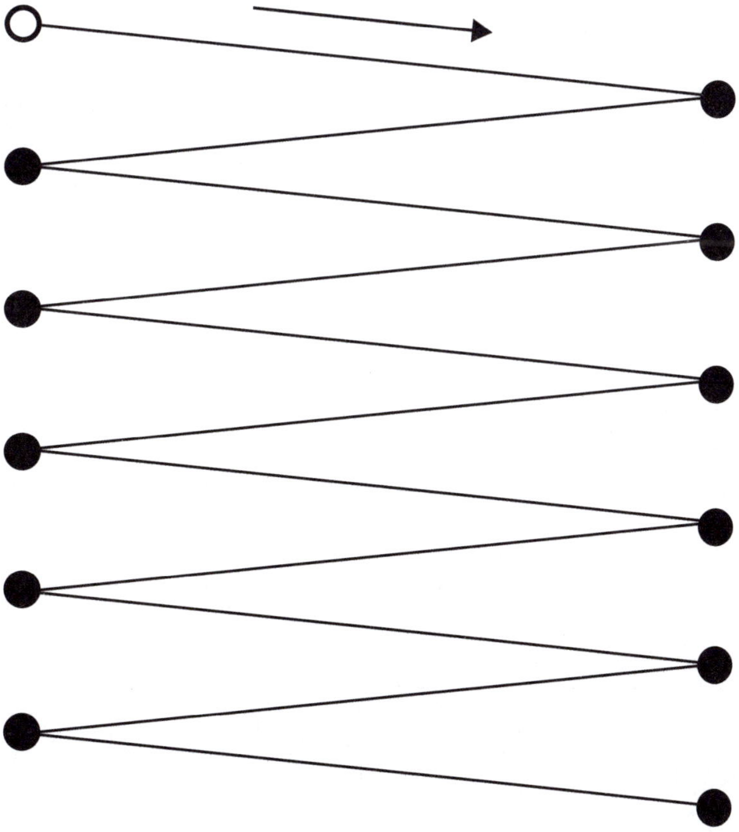

视觉追踪

**训练五**

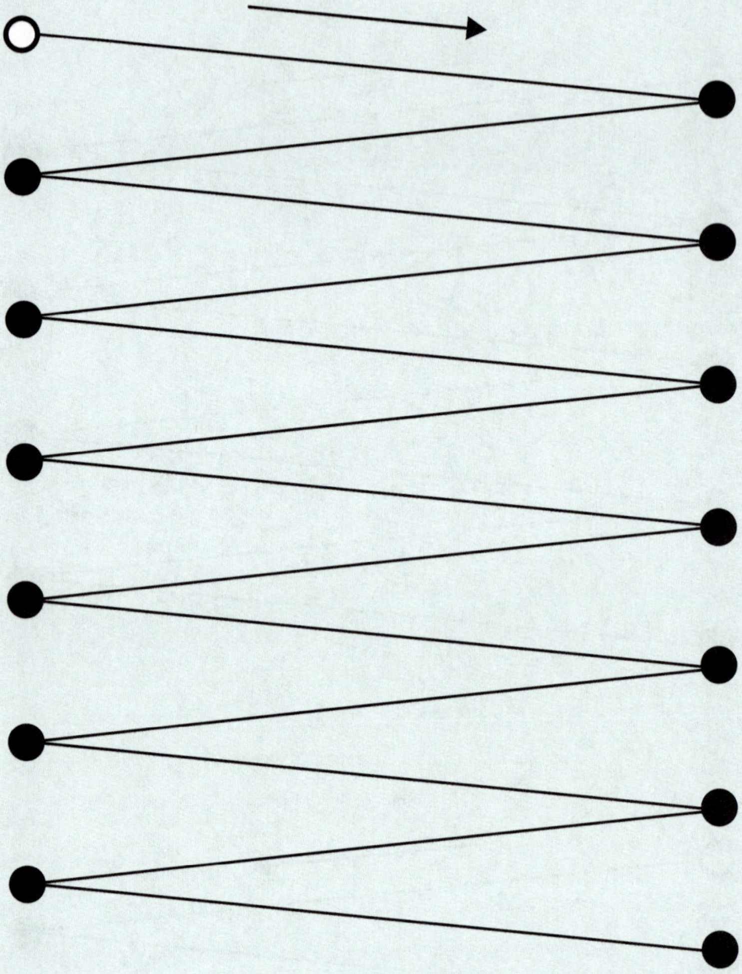

**训练六**

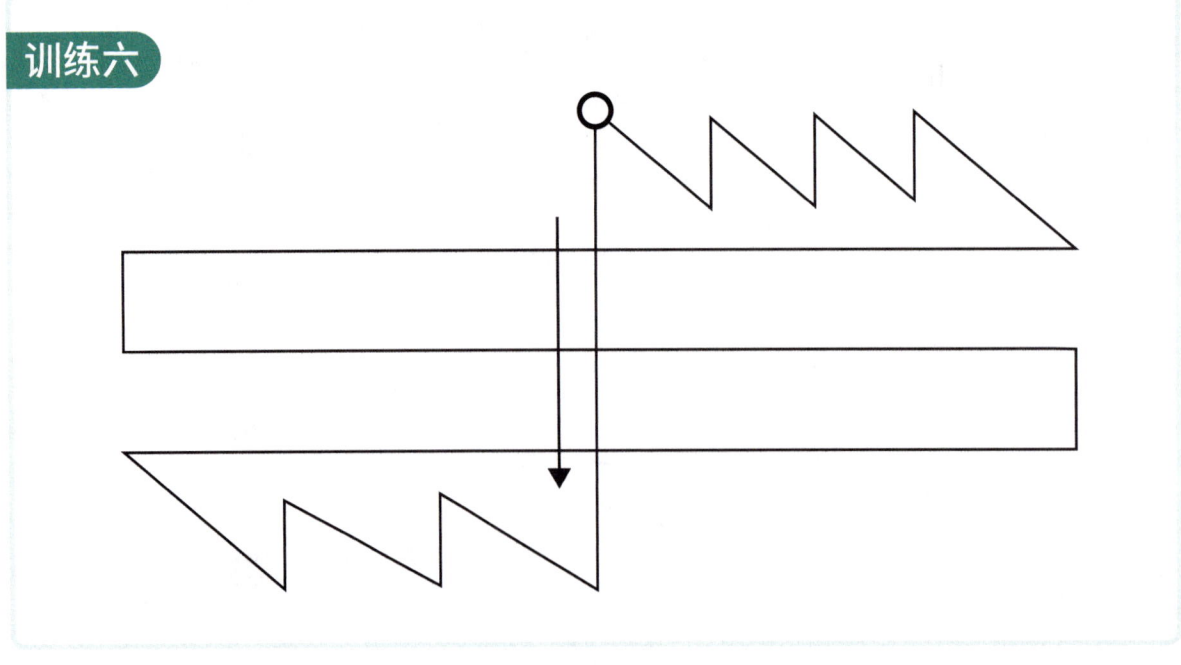

视觉追踪

训练七

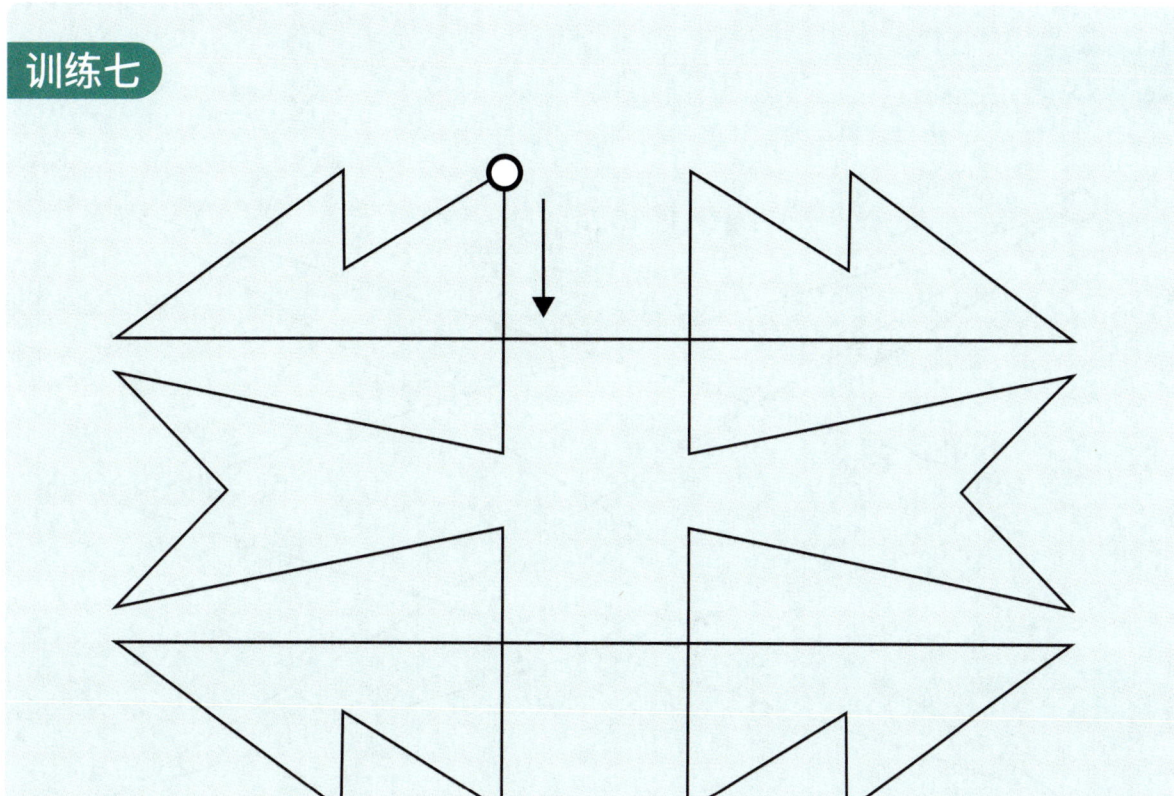

训练八

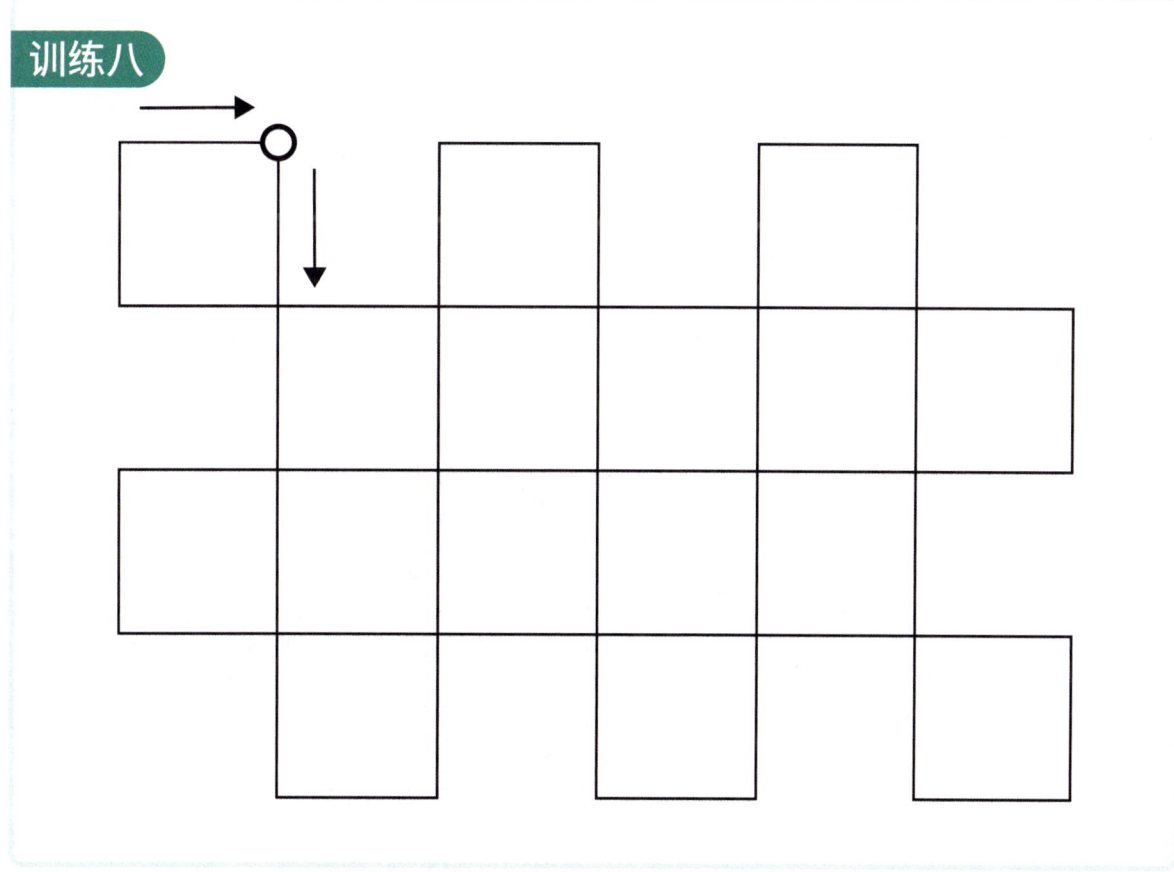

视觉追踪

**训练九**

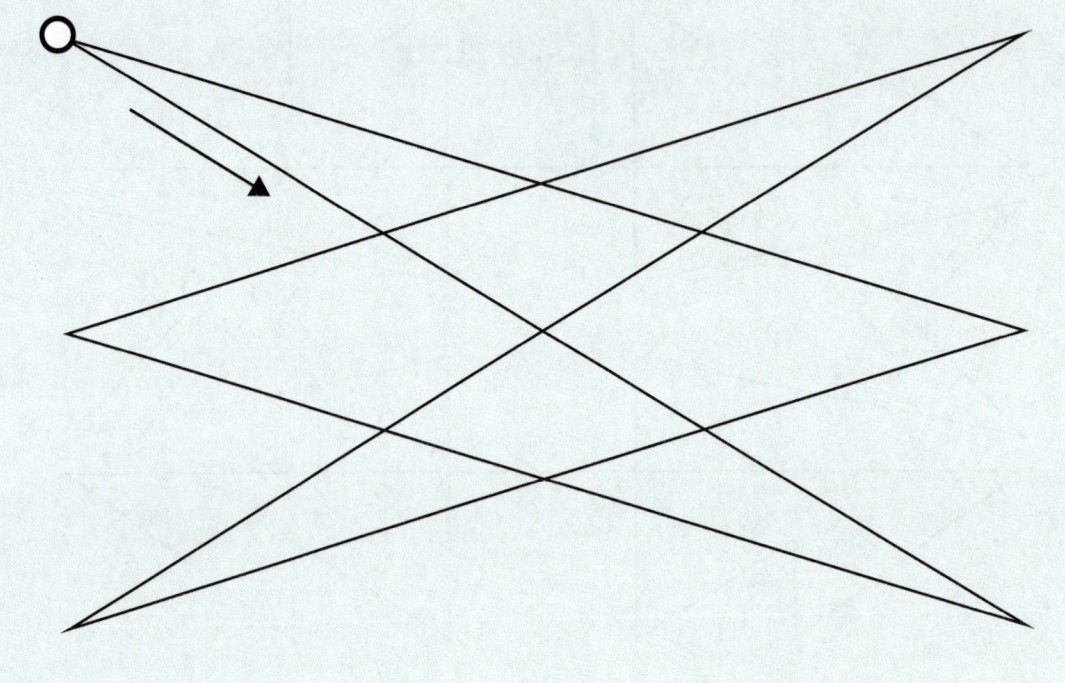

**训练十**

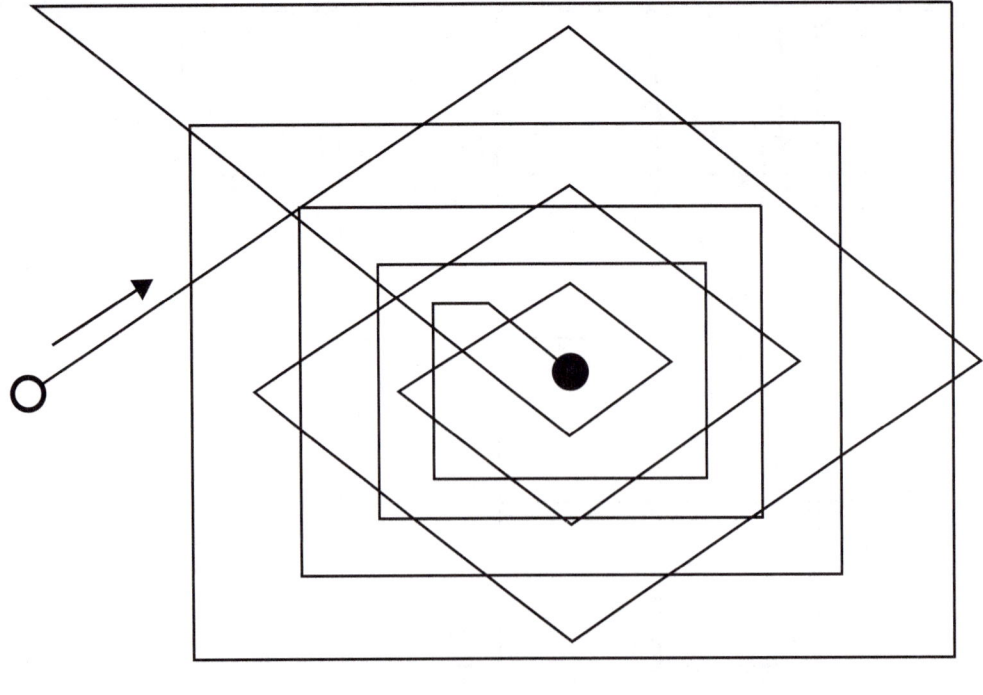

视觉追踪

## 玩法二  连线追踪

**训练要求：** 请小朋友**根据连线，找出与数字对应的字母**，并填写在括号里，在训练的过程中，只能用眼睛看，不可以用手或笔指。

**训练目标：** 正确率越高、完成的时间越短越好。

### 训练一

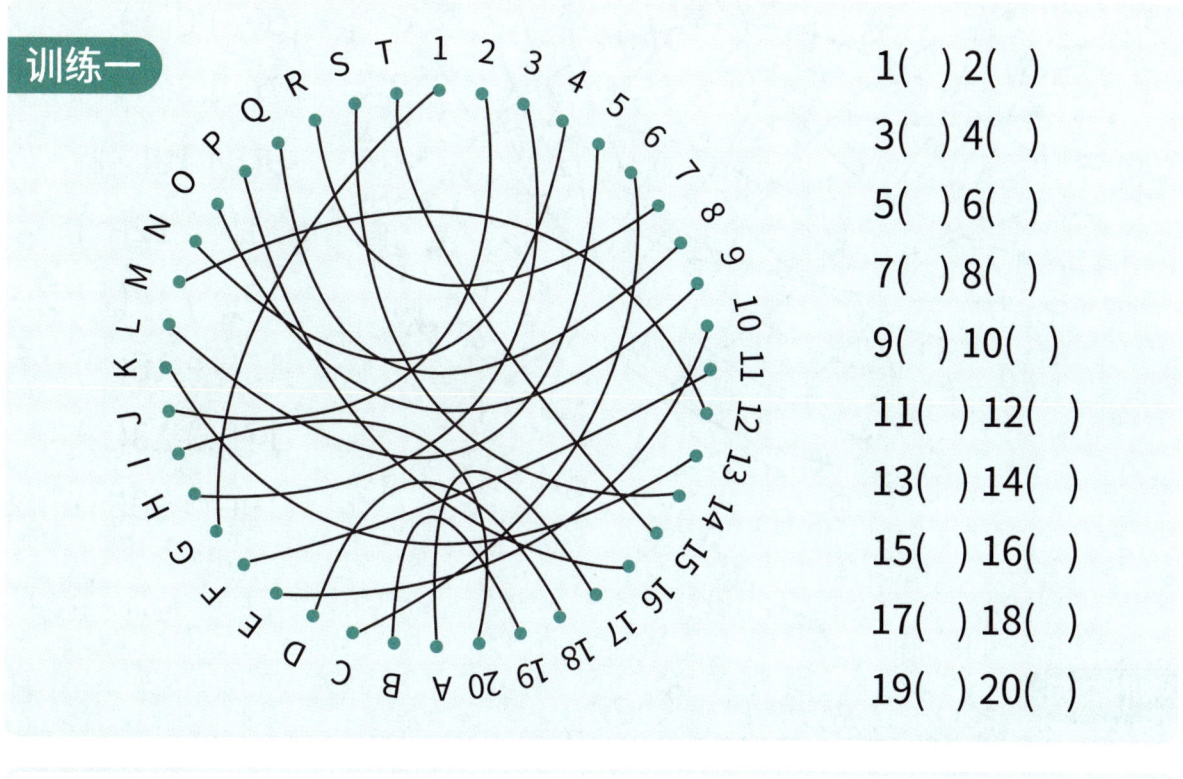

1( ) 2( )
3( ) 4( )
5( ) 6( )
7( ) 8( )
9( ) 10( )
11( ) 12( )
13( ) 14( )
15( ) 16( )
17( ) 18( )
19( ) 20( )

### 训练二

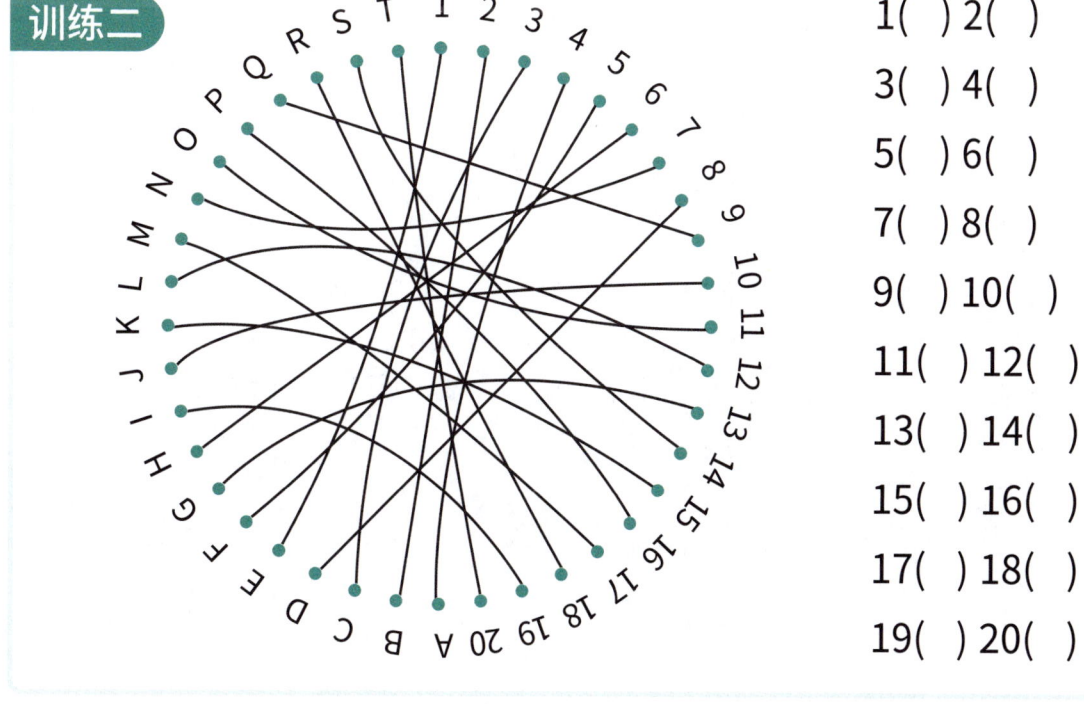

1( ) 2( )
3( ) 4( )
5( ) 6( )
7( ) 8( )
9( ) 10( )
11( ) 12( )
13( ) 14( )
15( ) 16( )
17( ) 18( )
19( ) 20( )

训练三

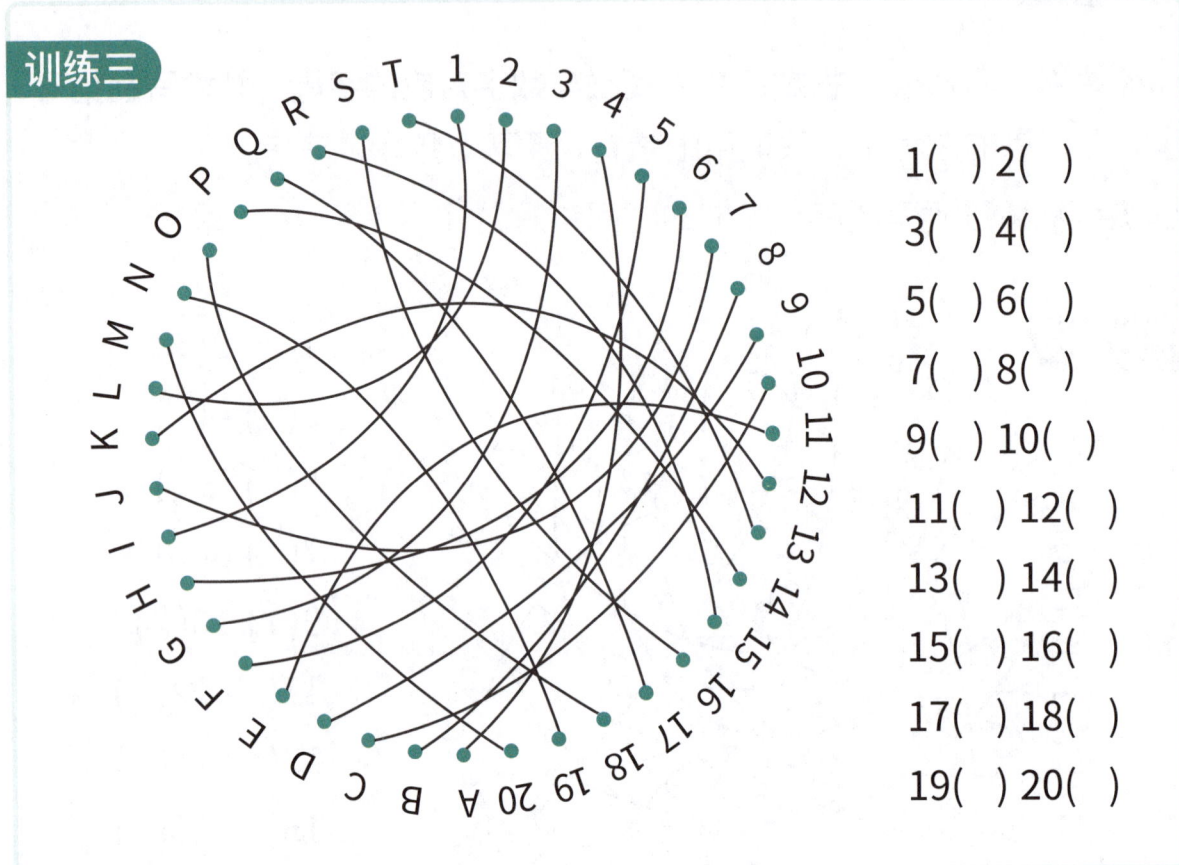

1( ) 2( )
3( ) 4( )
5( ) 6( )
7( ) 8( )
9( ) 10( )
11( ) 12( )
13( ) 14( )
15( ) 16( )
17( ) 18( )
19( ) 20( )

训练四

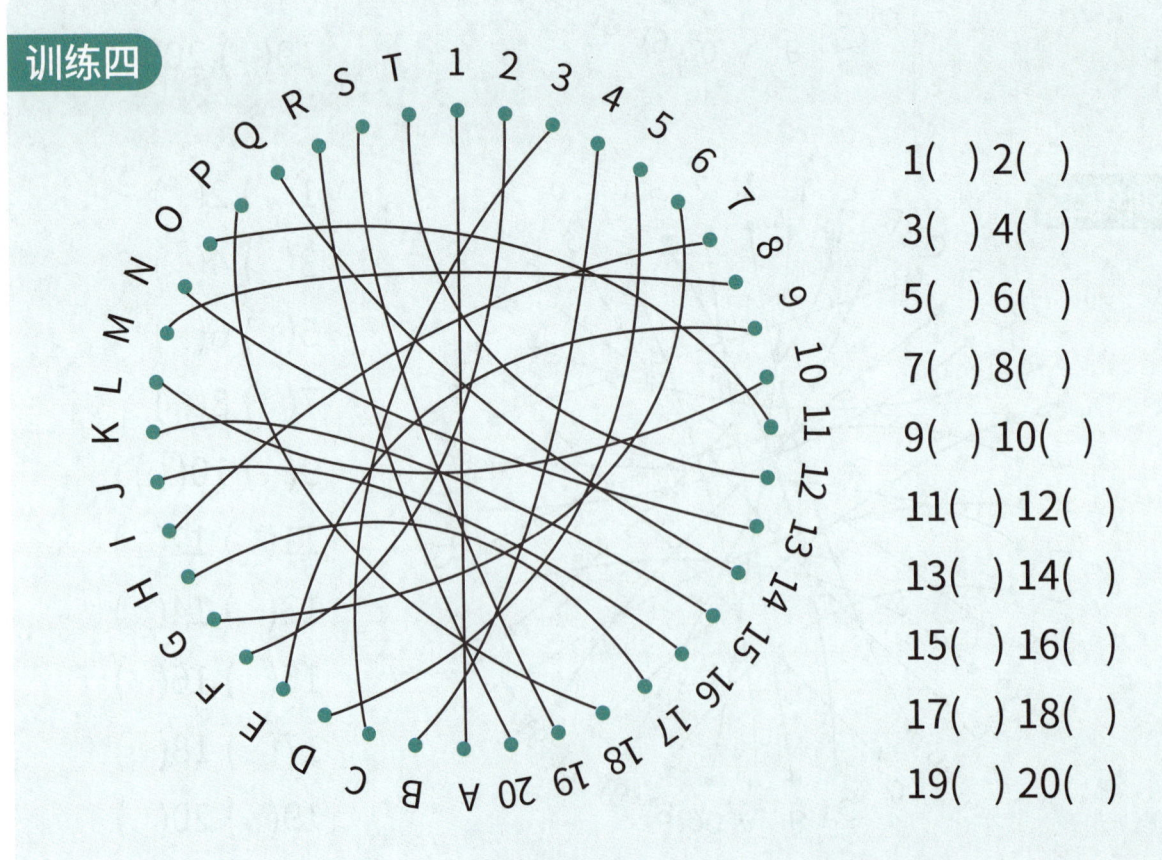

1( ) 2( )
3( ) 4( )
5( ) 6( )
7( ) 8( )
9( ) 10( )
11( ) 12( )
13( ) 14( )
15( ) 16( )
17( ) 18( )
19( ) 20( )

### 训练五

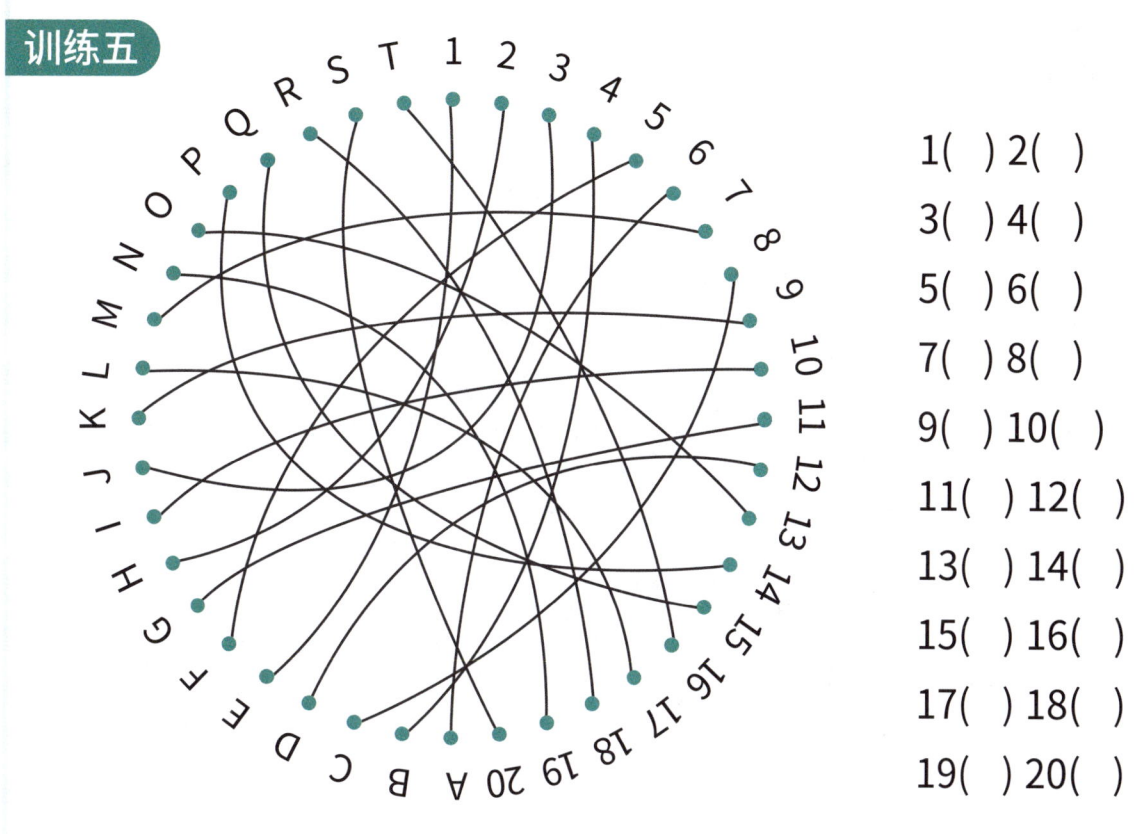

1( ) 2( )
3( ) 4( )
5( ) 6( )
7( ) 8( )
9( ) 10( )
11( ) 12( )
13( ) 14( )
15( ) 16( )
17( ) 18( )
19( ) 20( )

### 训练六

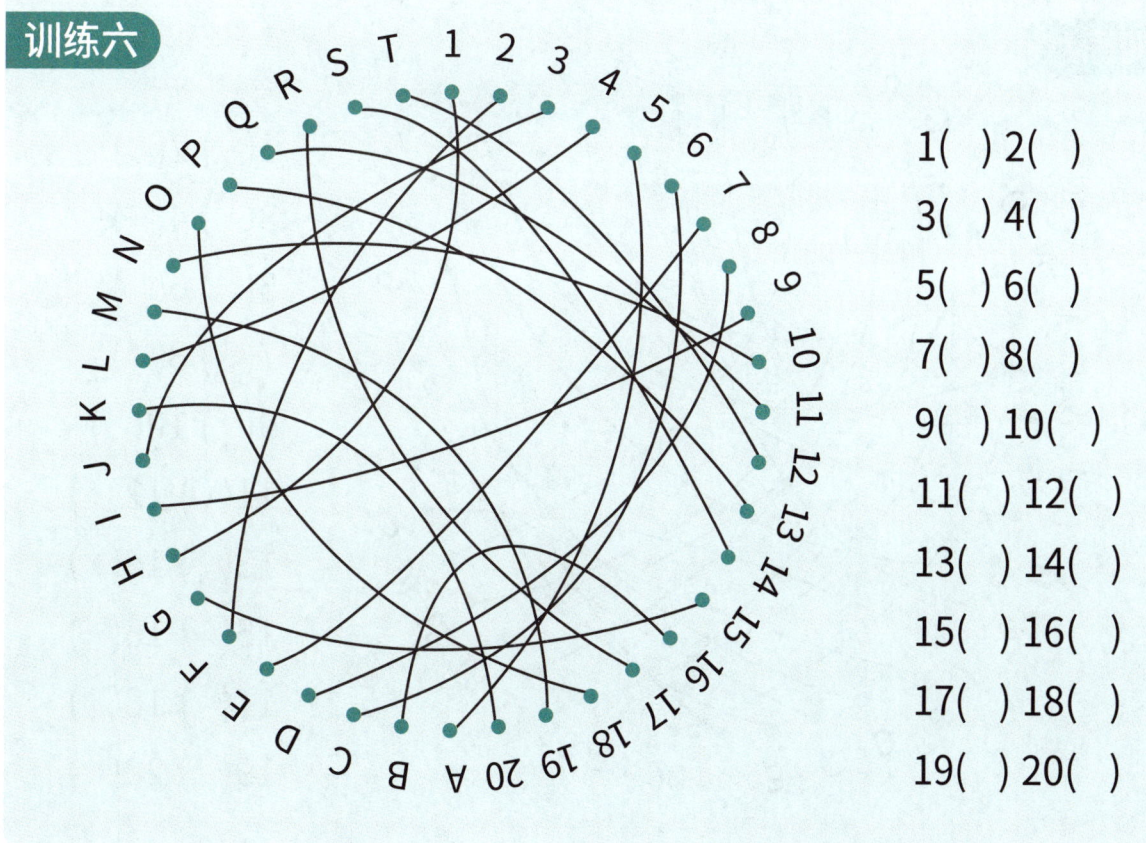

1( ) 2( )
3( ) 4( )
5( ) 6( )
7( ) 8( )
9( ) 10( )
11( ) 12( )
13( ) 14( )
15( ) 16( )
17( ) 18( )
19( ) 20( )

**训练七**

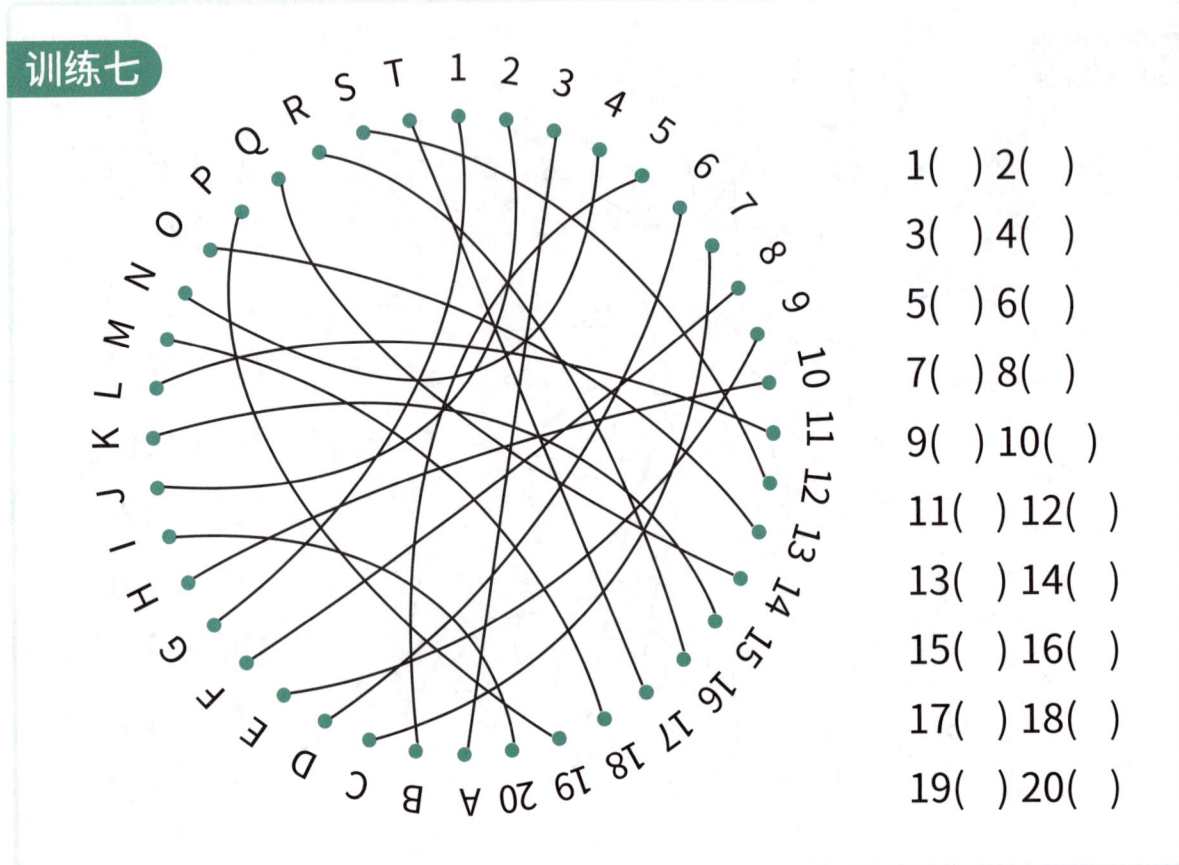

1(　) 2(　)
3(　) 4(　)
5(　) 6(　)
7(　) 8(　)
9(　) 10(　)
11(　) 12(　)
13(　) 14(　)
15(　) 16(　)
17(　) 18(　)
19(　) 20(　)

**训练八**

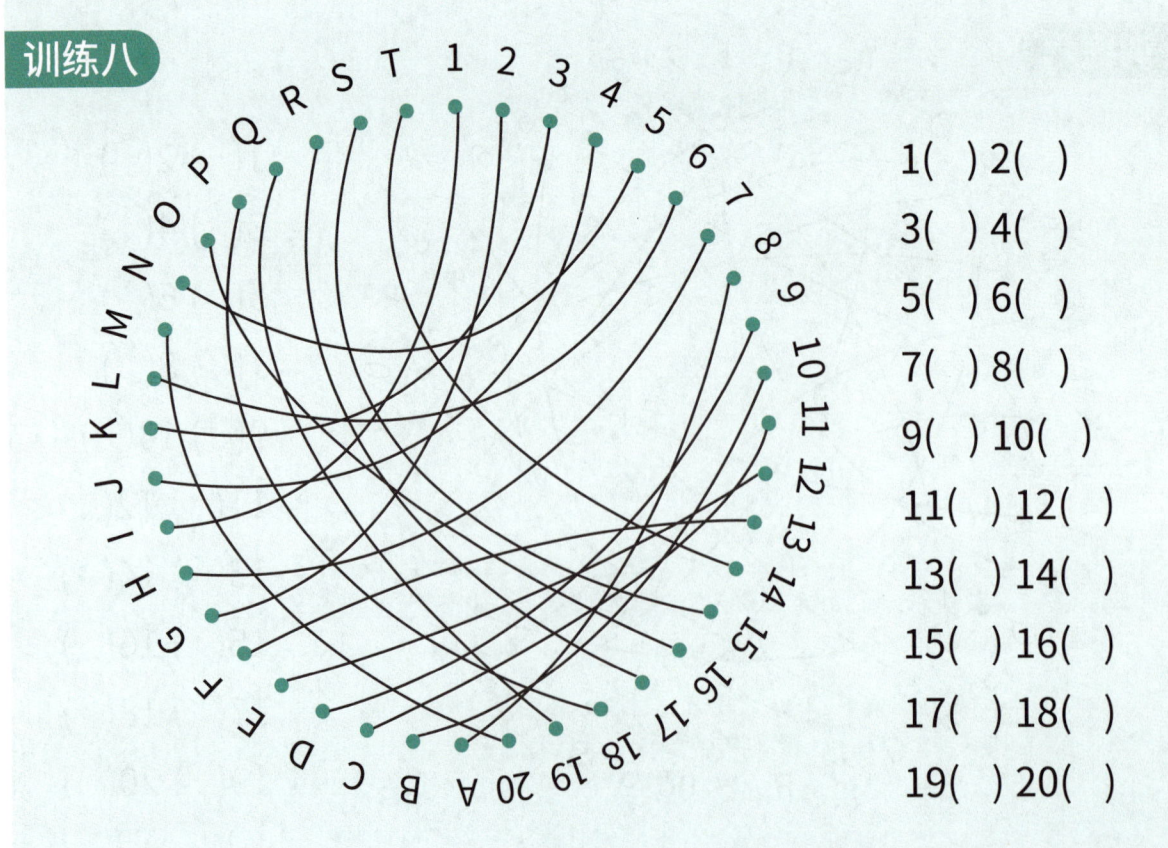

1(　) 2(　)
3(　) 4(　)
5(　) 6(　)
7(　) 8(　)
9(　) 10(　)
11(　) 12(　)
13(　) 14(　)
15(　) 16(　)
17(　) 18(　)
19(　) 20(　)

**训练九**

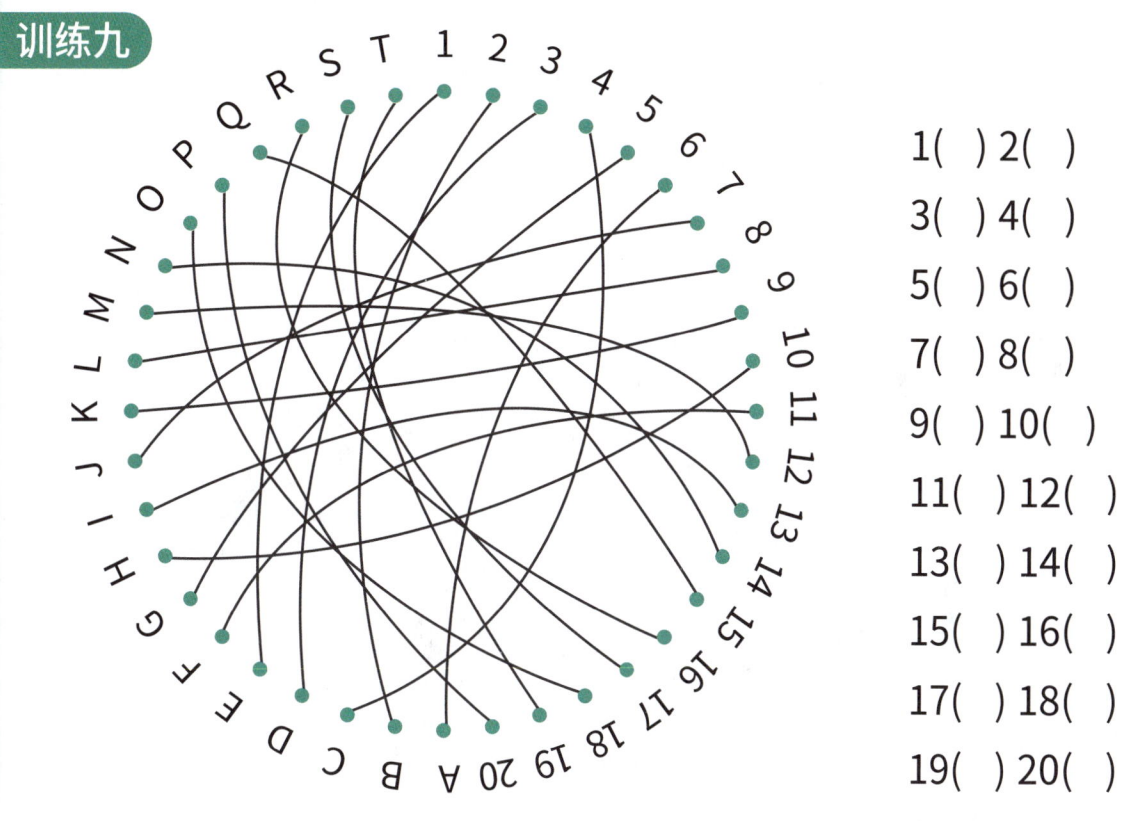

1( ) 2( )
3( ) 4( )
5( ) 6( )
7( ) 8( )
9( ) 10( )
11( ) 12( )
13( ) 14( )
15( ) 16( )
17( ) 18( )
19( ) 20( )

**训练十**

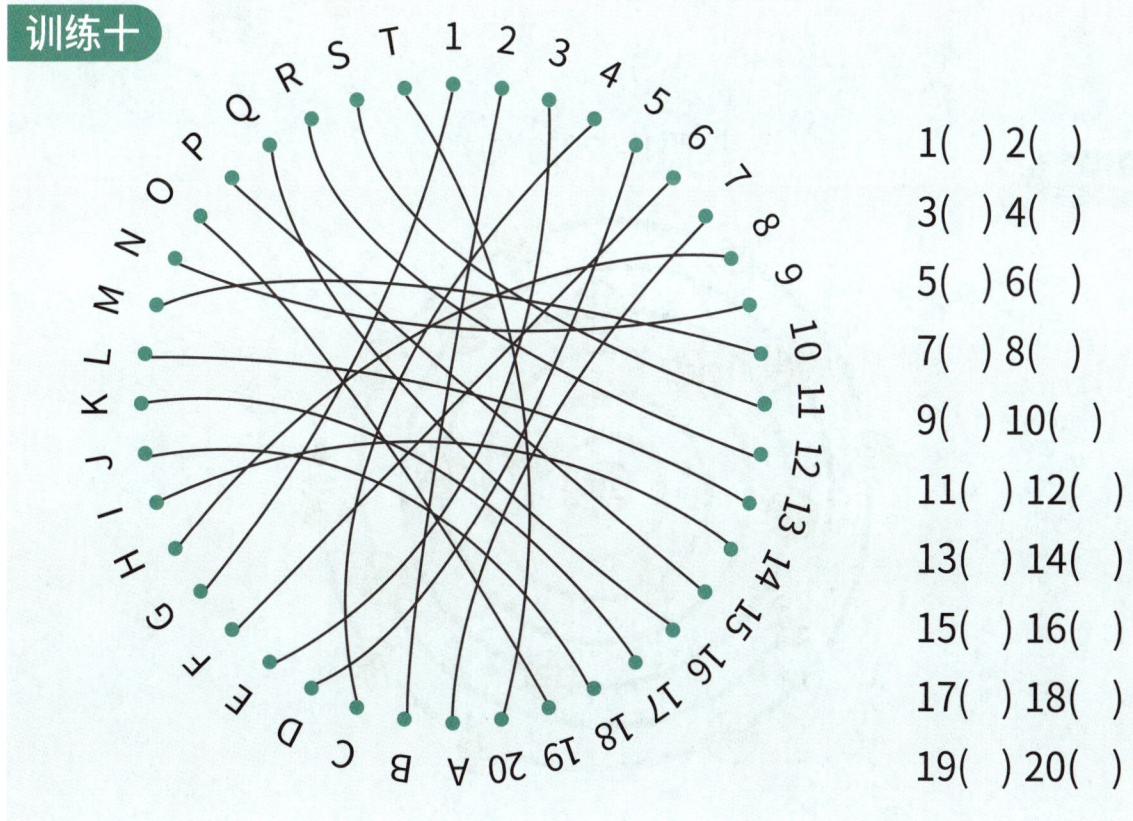

1( ) 2( )
3( ) 4( )
5( ) 6( )
7( ) 8( )
9( ) 10( )
11( ) 12( )
13( ) 14( )
15( ) 16( )
17( ) 18( )
19( ) 20( )

视觉追踪

## 玩法三　数字追踪

**训练要求：** 请小朋友按照从小到大的数字顺序，用目光沿着线搜索数字，过程中头部保持不变，如果出错则重新开始。

**训练目标：** 正确率越高、完成的时间越短越好。

**训练一**

按照1—20的顺序

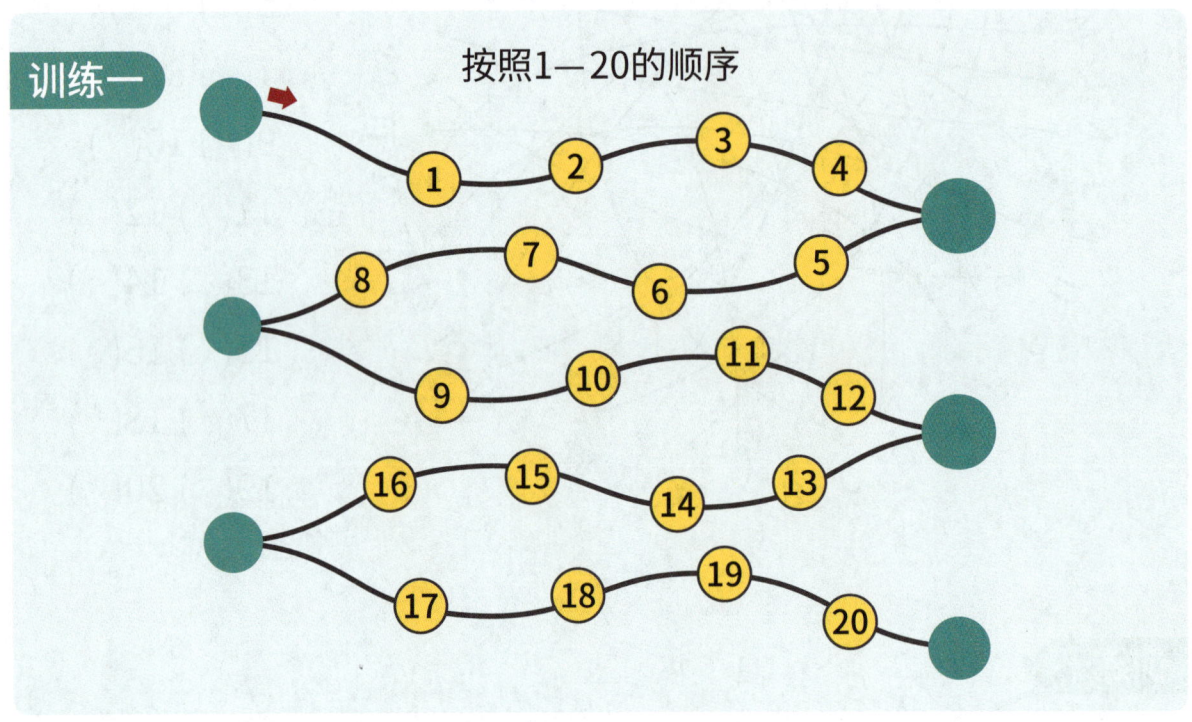

**训练二**

按照1—20的顺序

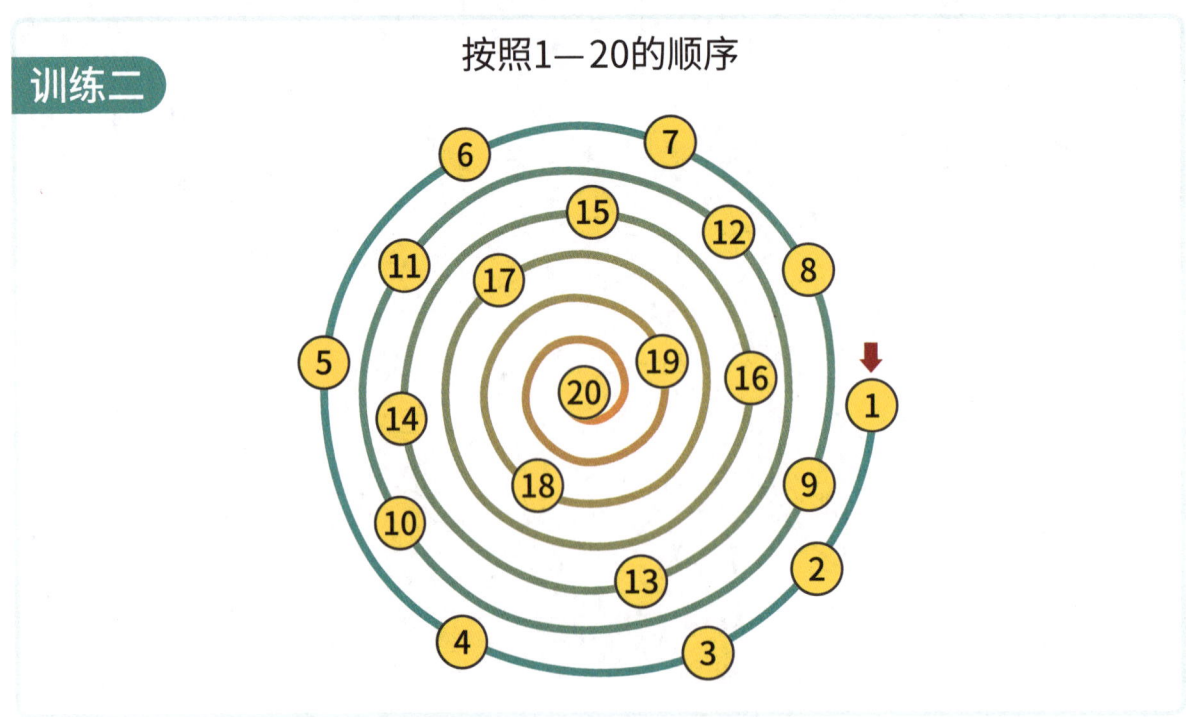

训练三　　　按照1—25的顺序

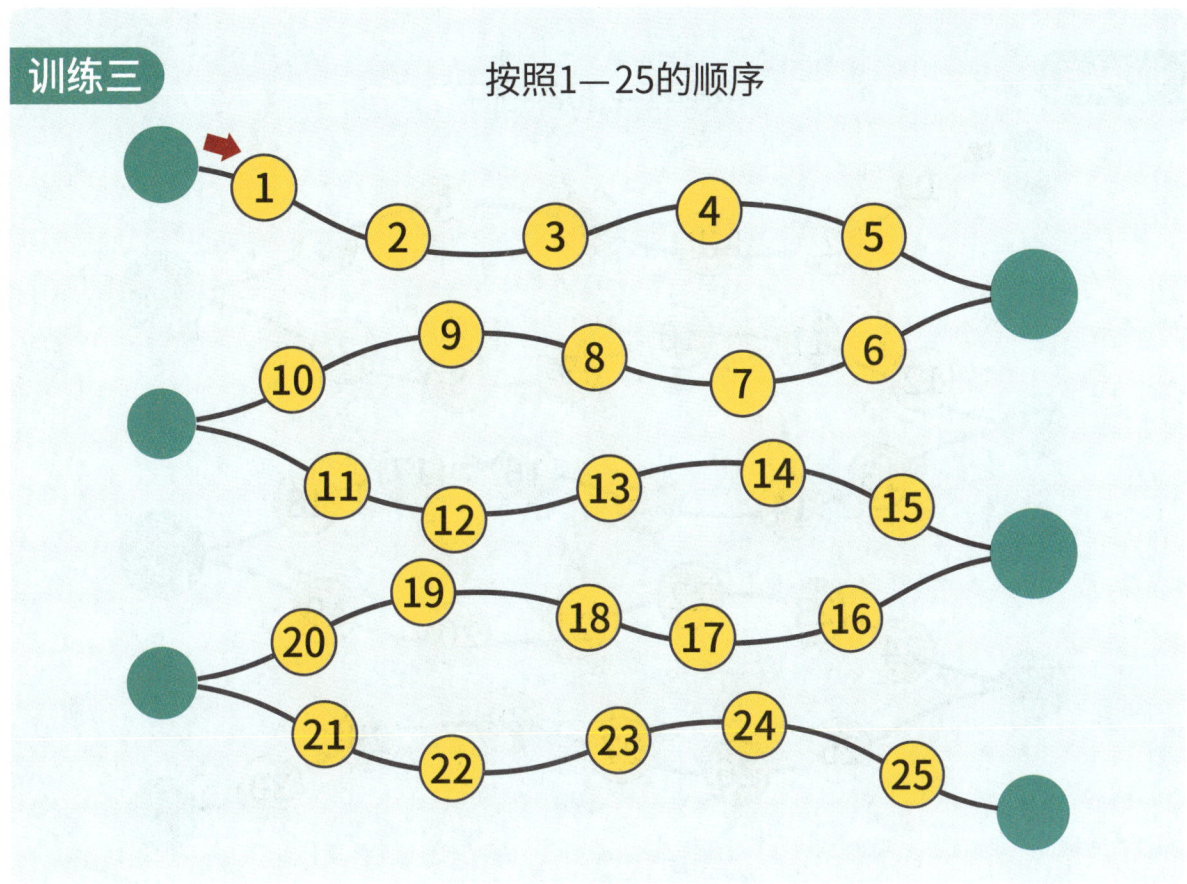

训练四　　　按照1—25的顺序

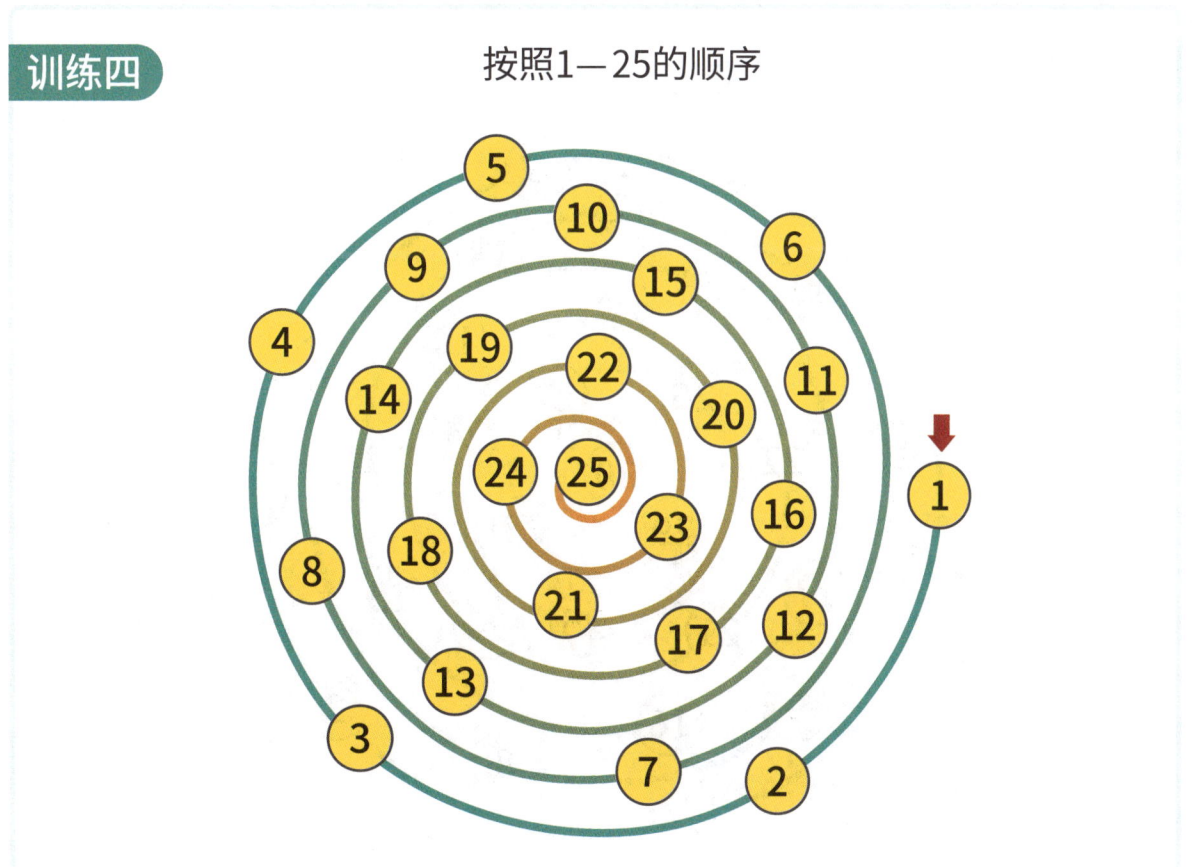

视觉追踪

**训练五** 按照1—30的顺序

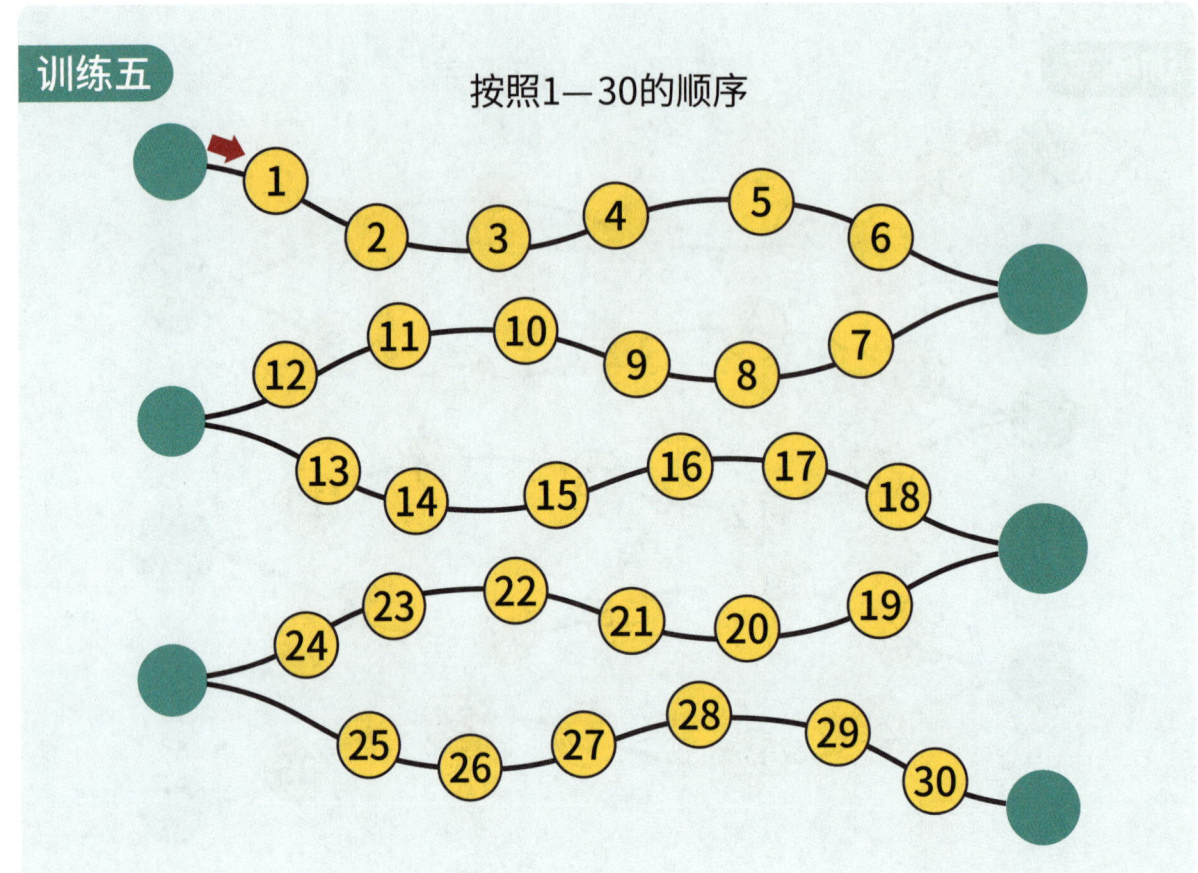

**训练六** 按照1—30的顺序

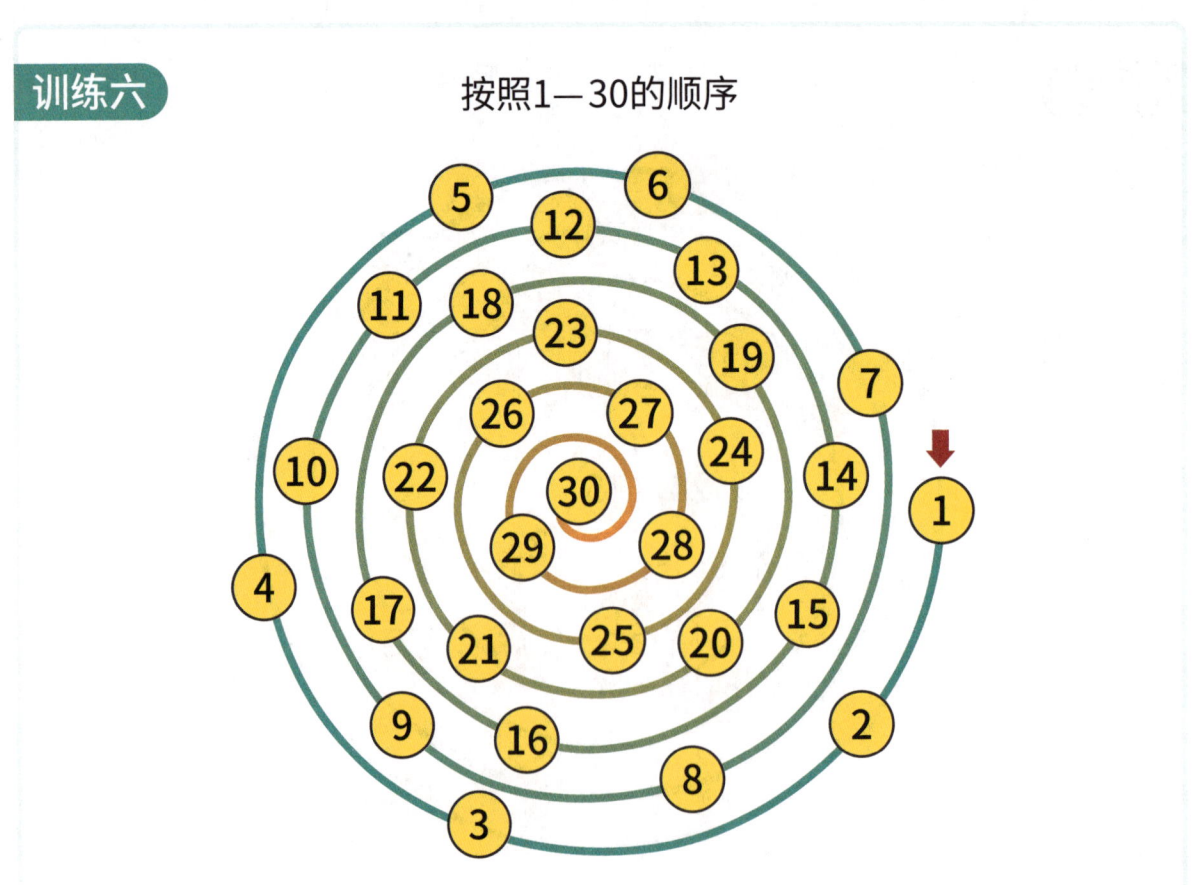

**训练七**

按照1—35的顺序

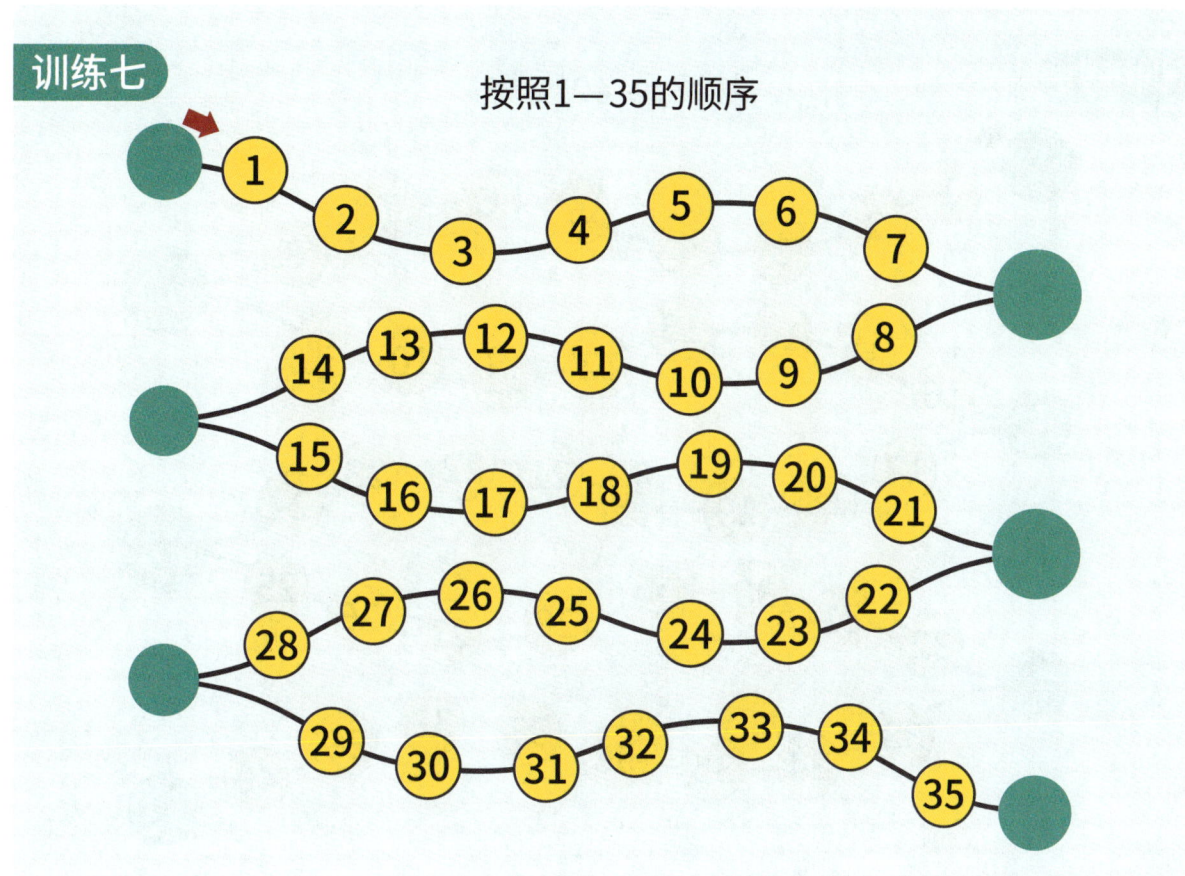

**训练八**

按照1—35的顺序

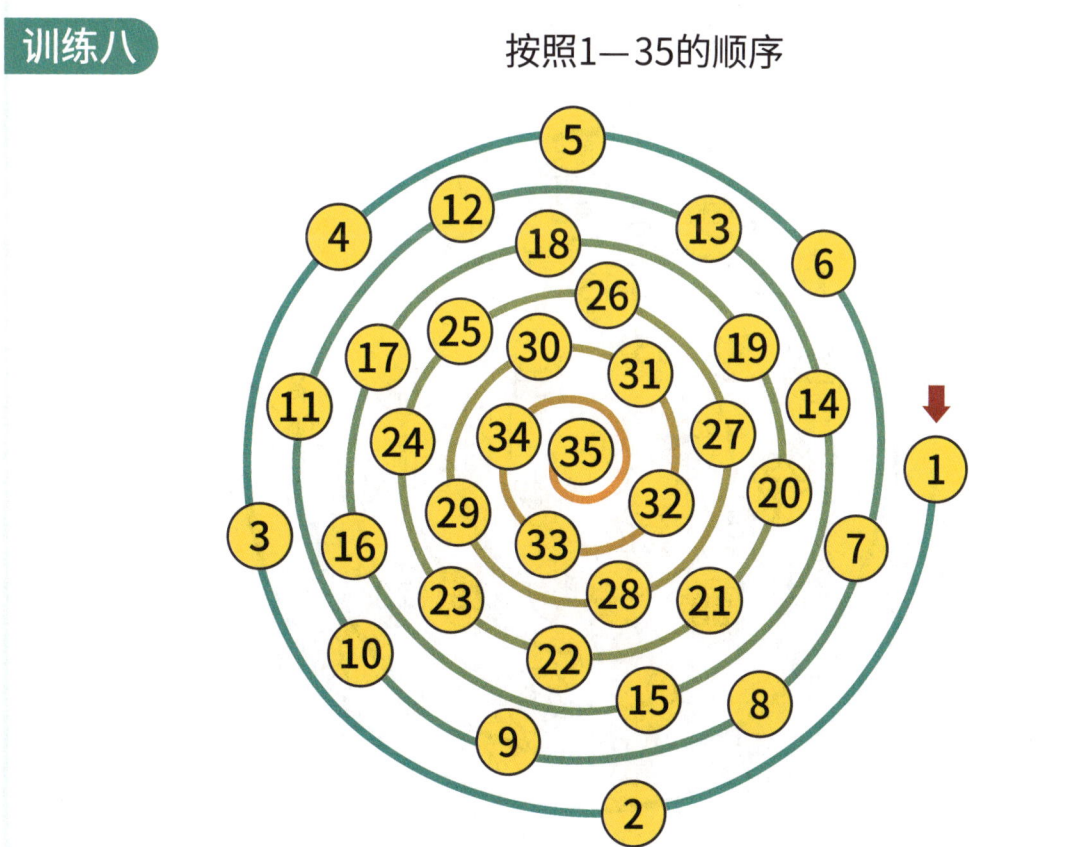

视觉追踪

**训练九**　按照1—40的顺序

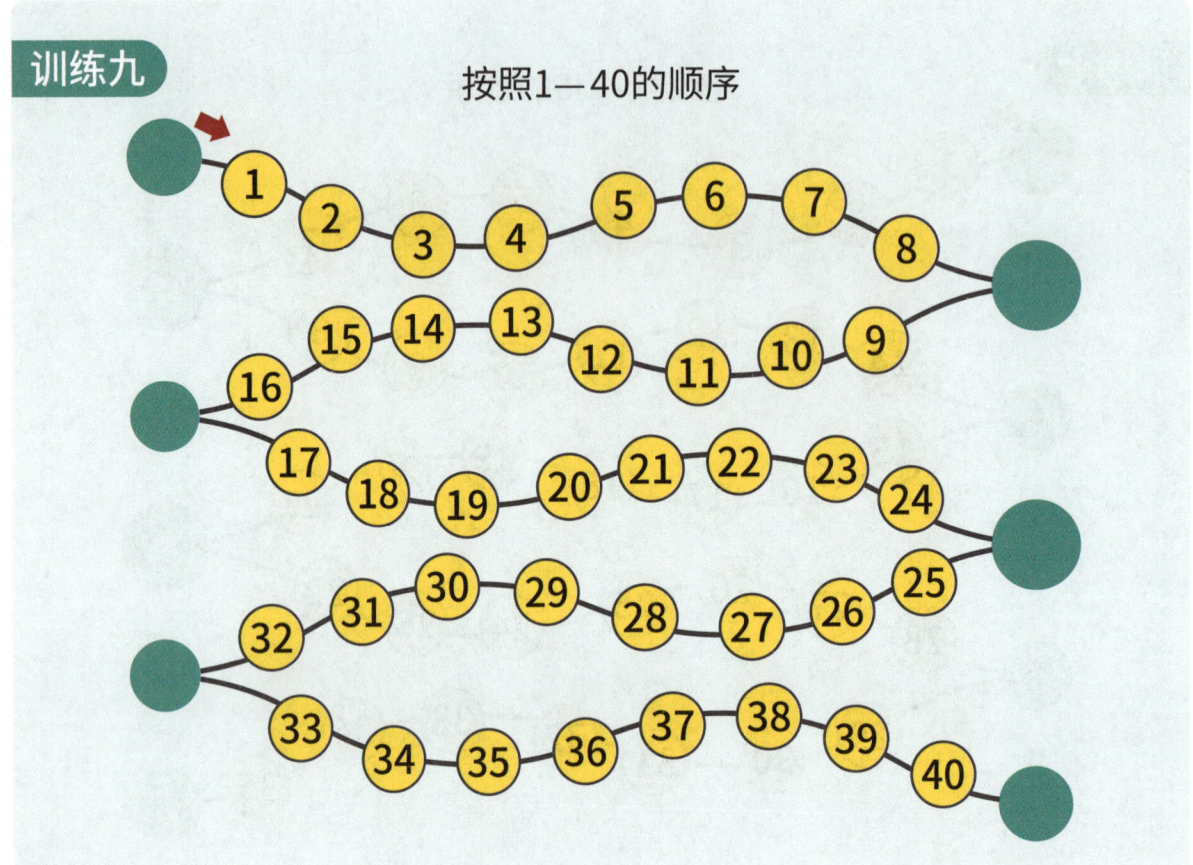

**训练十**　按照1—40的顺序

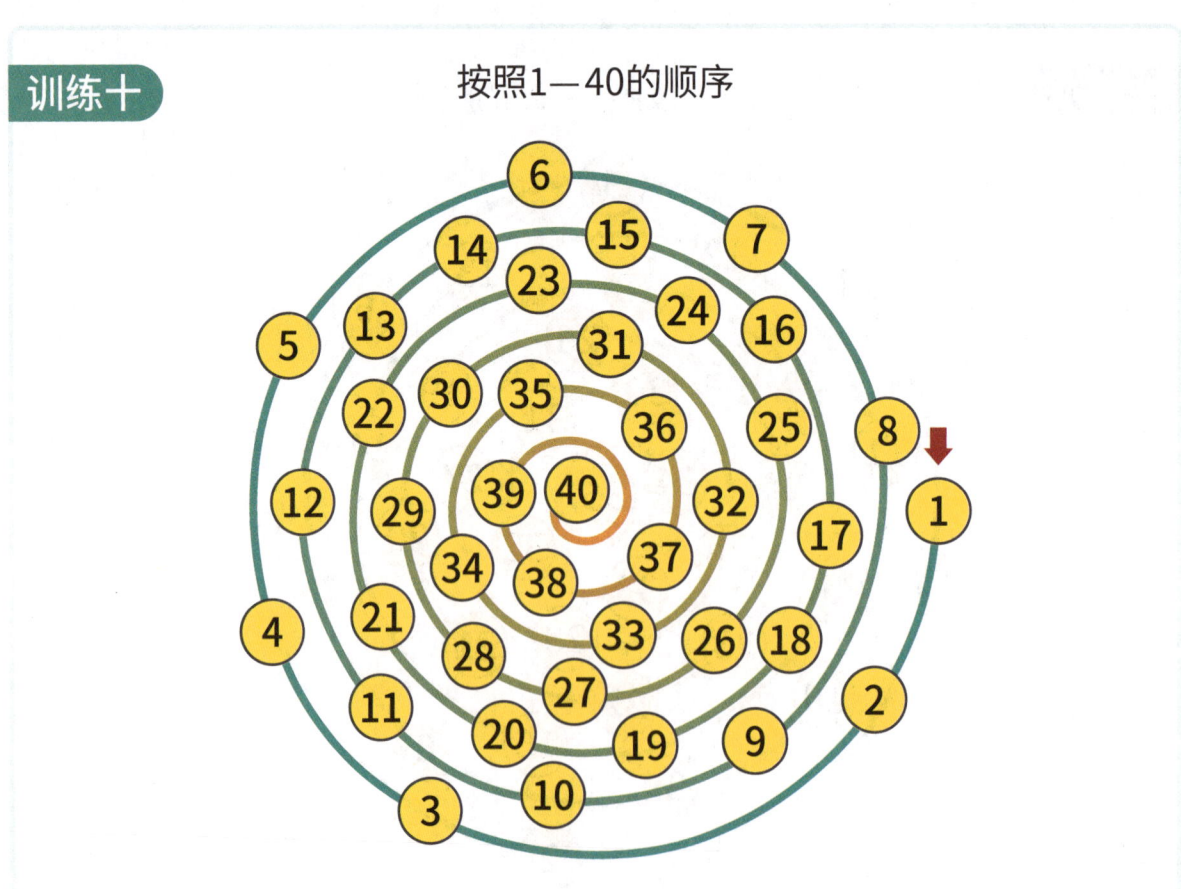

# 进阶训练

## 玩法一　迷宫追踪

**训练要求：** 请小朋友**从入口处开始，寻找到达出口的最短路径，并用铅笔画出路线图，小朋友可以试着找出多个路径。**

**训练目标：** 正确率越高、完成的时间越短越好。

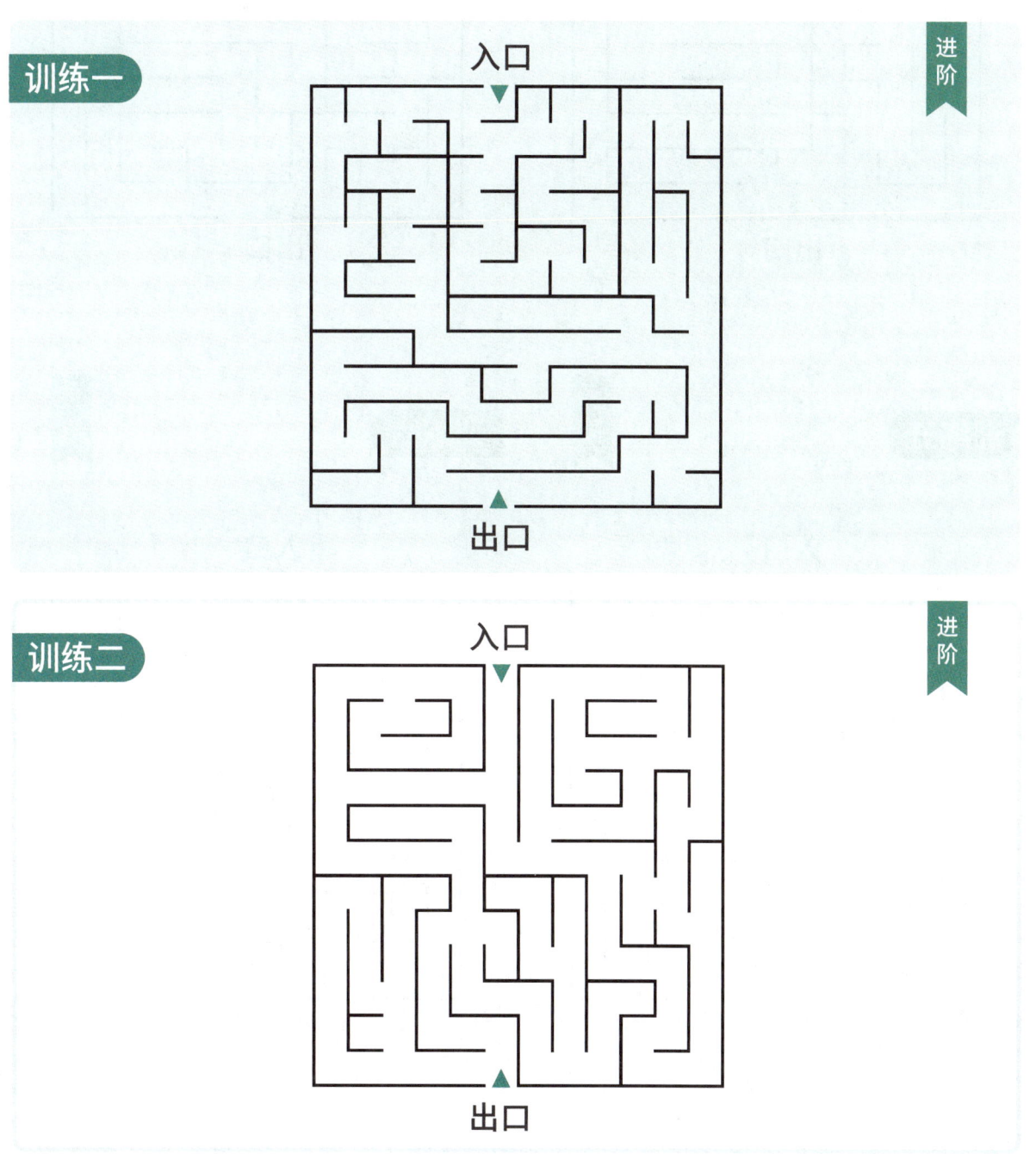

训练一

训练二

## 玩法二　扫视曲线

**训练要求：** 眼睛平视题本，距离题本20厘米左右。**扫视时，眼睛从黑圈○开始沿着黑线扫视到后面的黑点●，再按照原路返回到黑○为一次训练。**

**训练目标：** 在扫视过程中，小朋友头不能转动，眼睛一定要看清楚黑线！

### 训练一　进阶

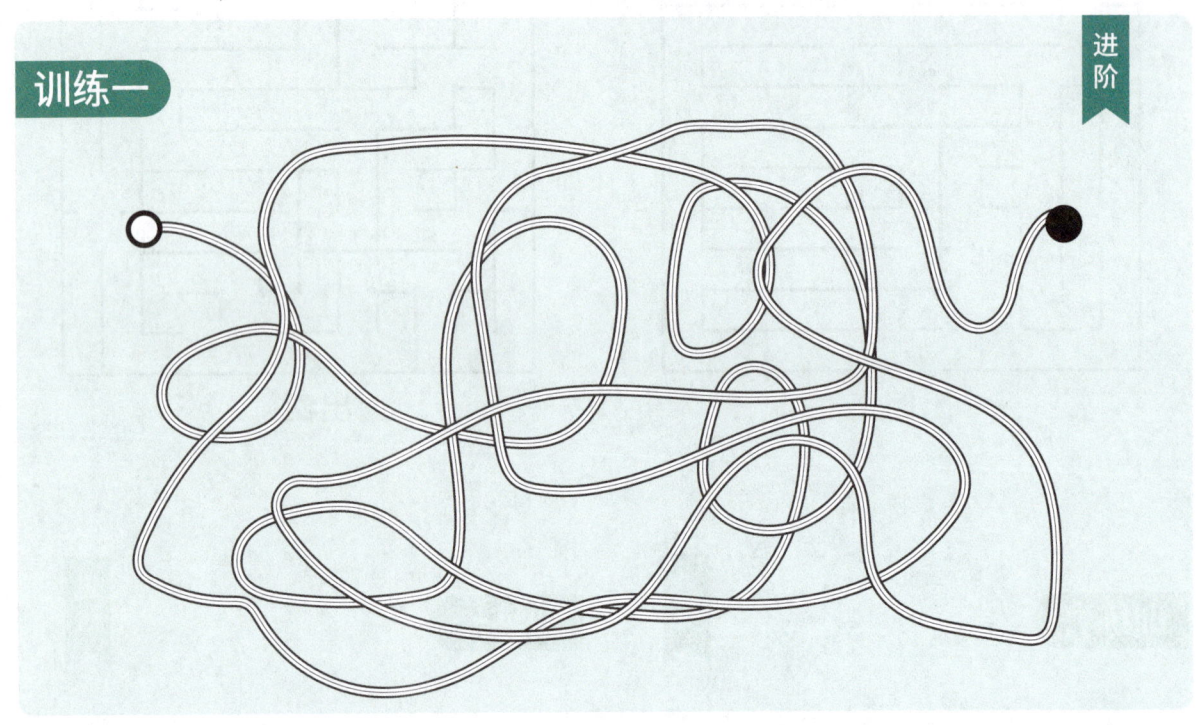

### 训练二　进阶

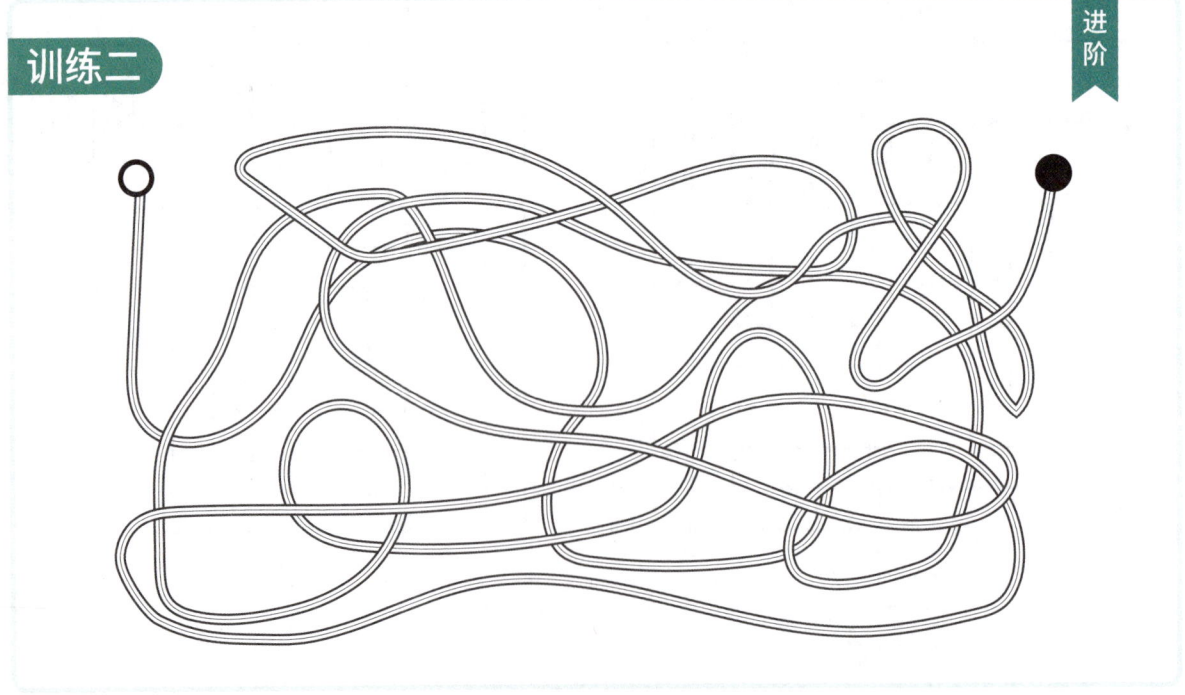

视觉追踪

训练三 进阶

训练四 进阶

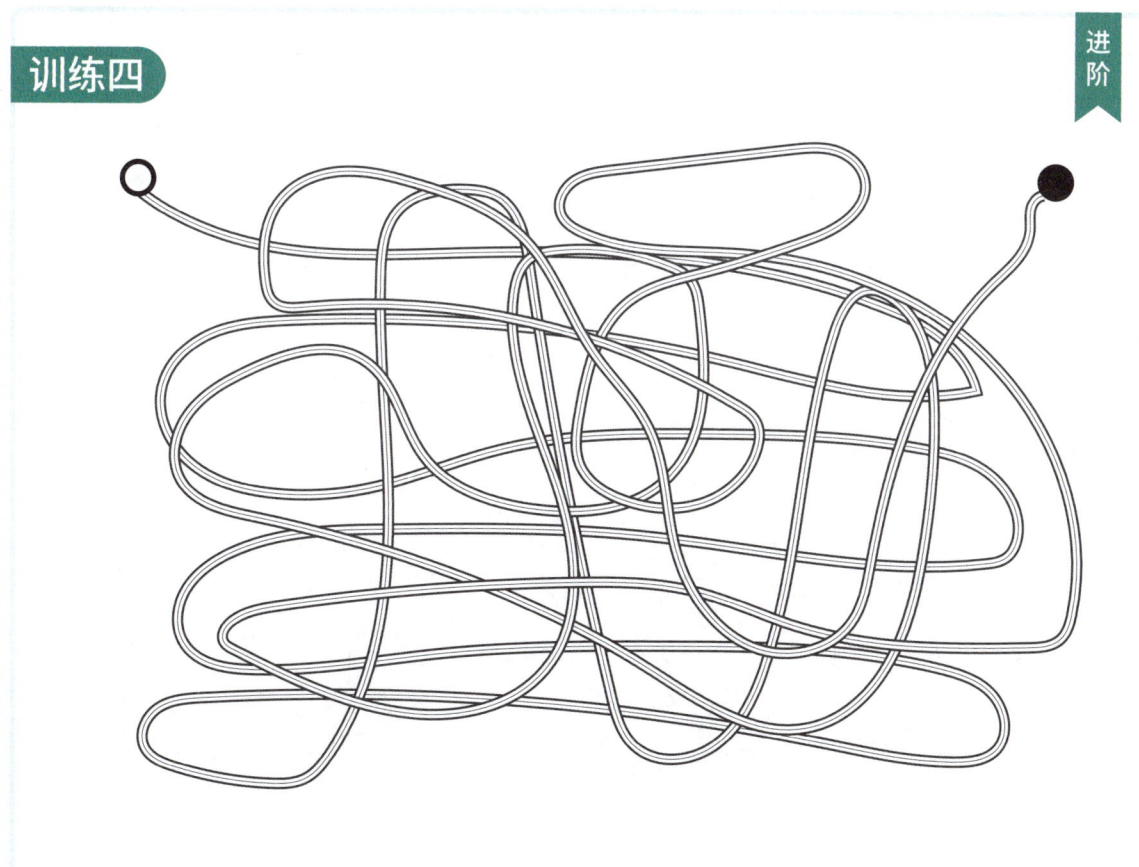

视觉追踪

**训练五** 进阶

**训练六** 进阶

**训练七**

进阶

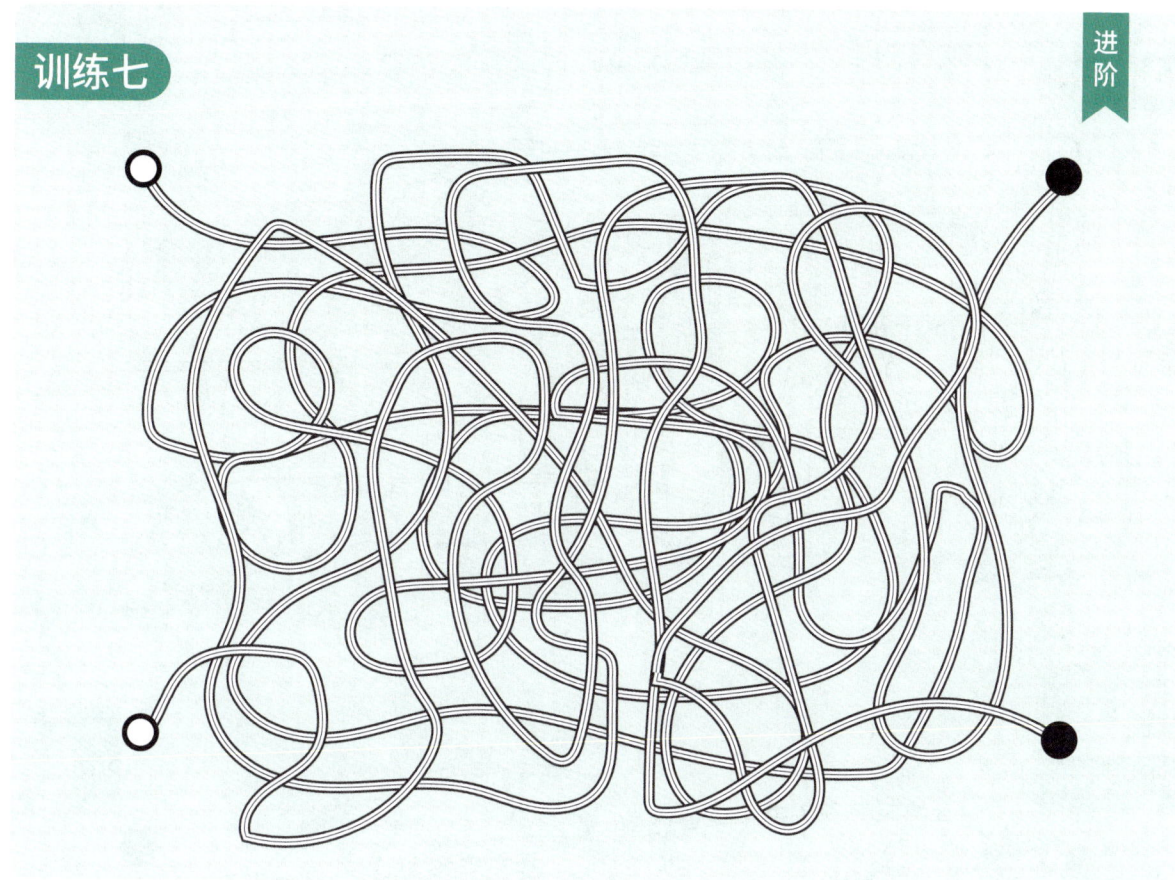

**训练八**

进阶

视觉追踪

### 训练九

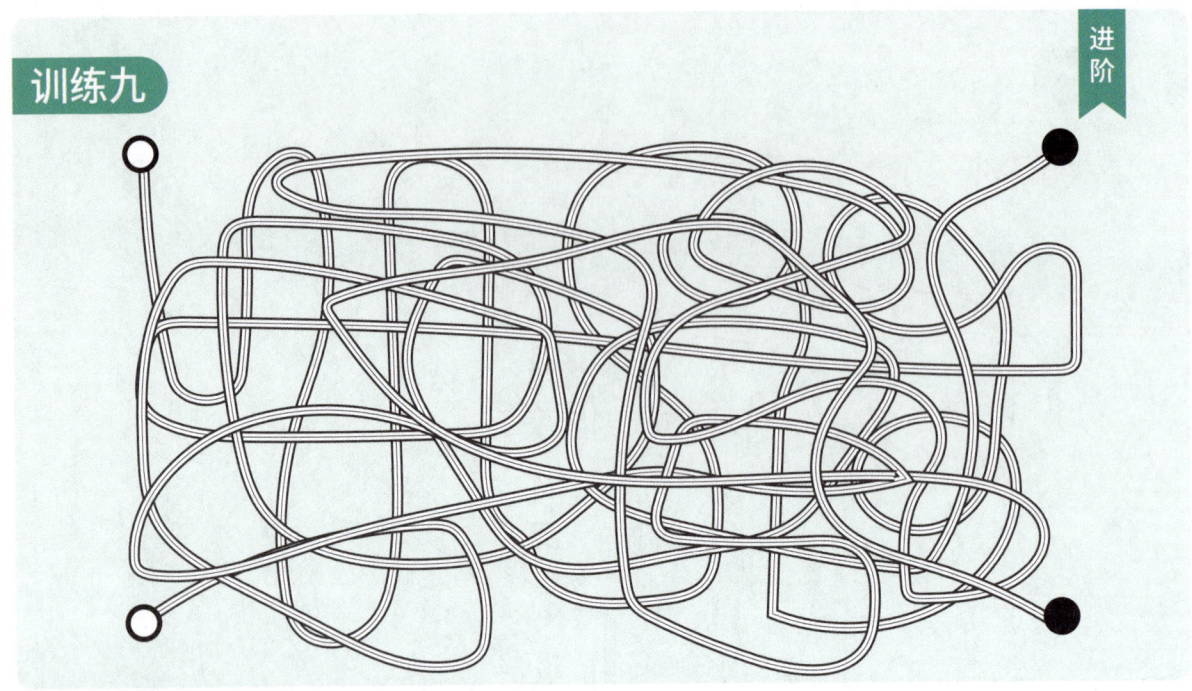

### 训练十

## 玩法三  诗词追踪

**训练要求**：请小朋友按**照箭头所指方向，根据古诗顺序，快速准确地读出文字**，读的过程中，只能用眼睛看，不能用手或笔指。

**训练目标**：正确率越高、完成的时间越短越好。

### 训练一

[宋]王安石《梅花》

墙角数枝梅，凌寒独自开。遥知不是雪，为有暗香来。

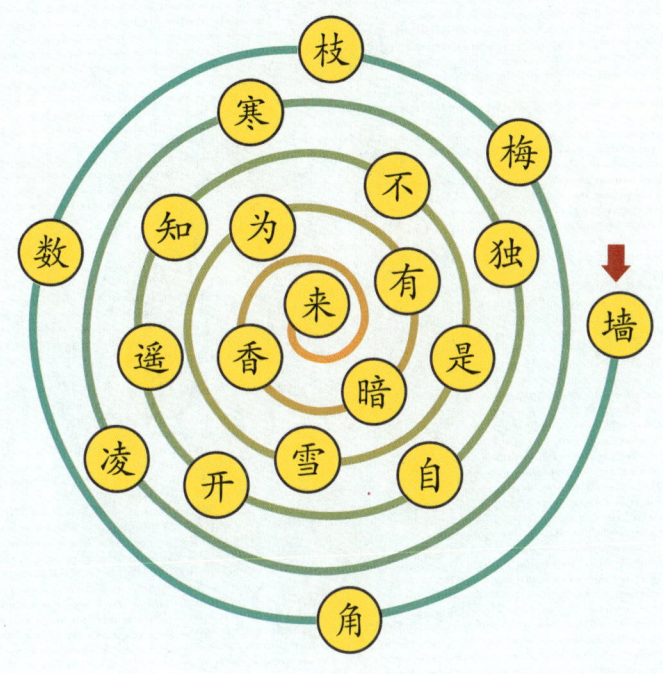

### 训练二

[唐]柳宗元《江雪》

千山鸟飞绝，万径人踪灭。孤舟蓑笠翁，独钓寒江雪。

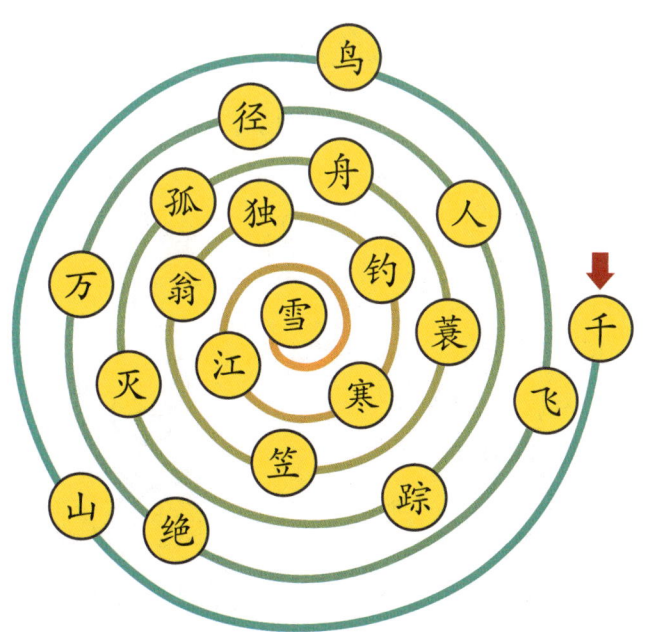

## 训练三

[唐]胡令能《小儿垂钓》

蓬头稚子学垂纶，侧坐莓苔草映身。路人借问遥招手，怕得鱼惊不应人。

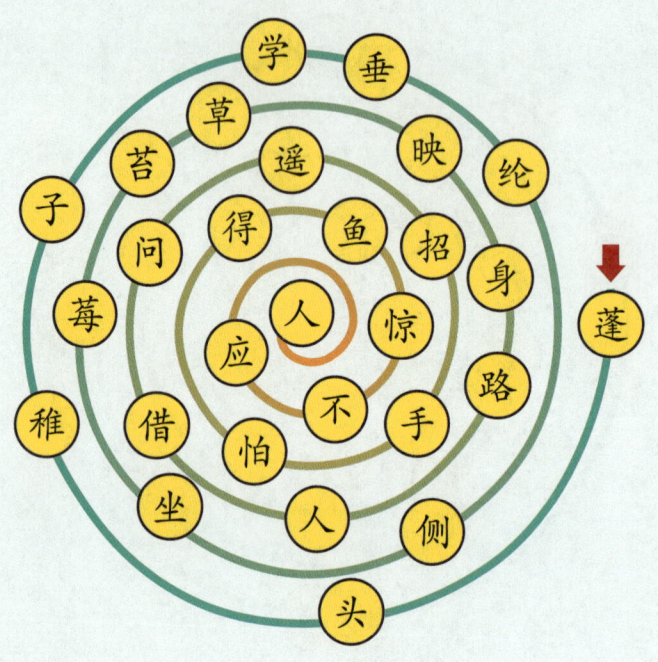

## 训练四

[唐]李白《夜宿山寺》

危楼高百尺，手可摘星辰。不敢高声语，恐惊天上人。

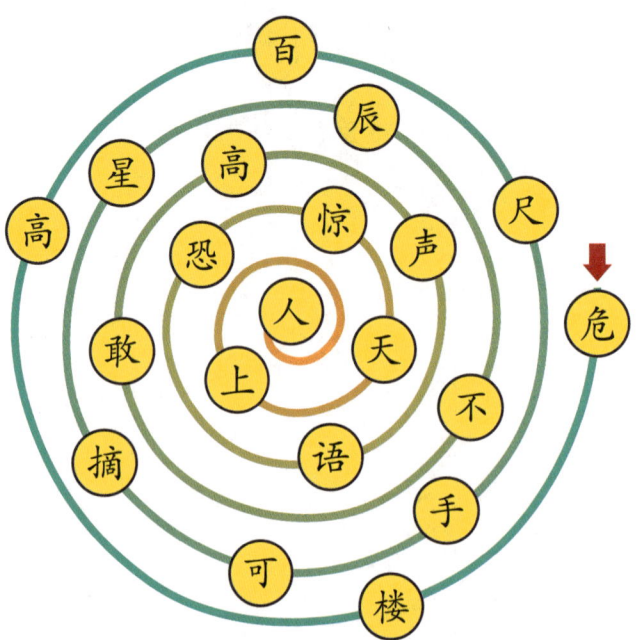

## 训练五

[唐]贺知章《咏柳》

碧玉妆成一树高,万条垂下绿丝绦。不知细叶谁裁出,二月春风似剪刀。

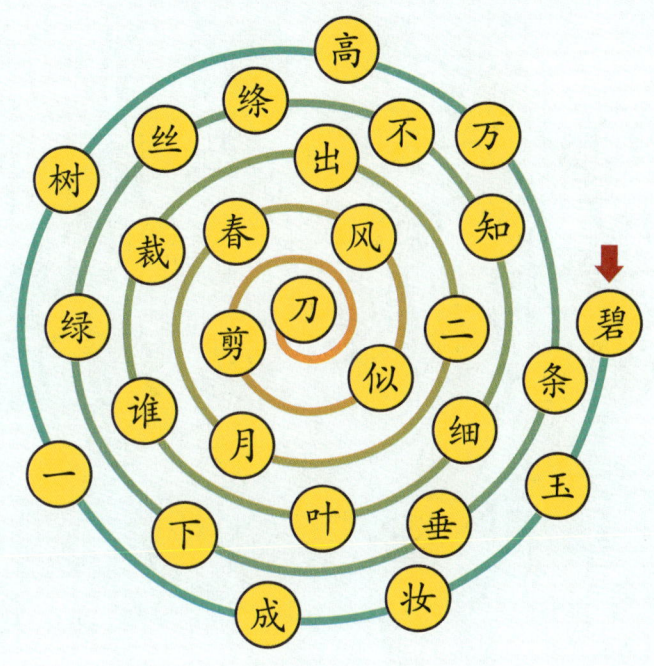

## 训练六

[唐]杜牧《山行》

远上寒山石径斜,白云生处有人家。停车坐爱枫林晚,霜叶红于二月花。

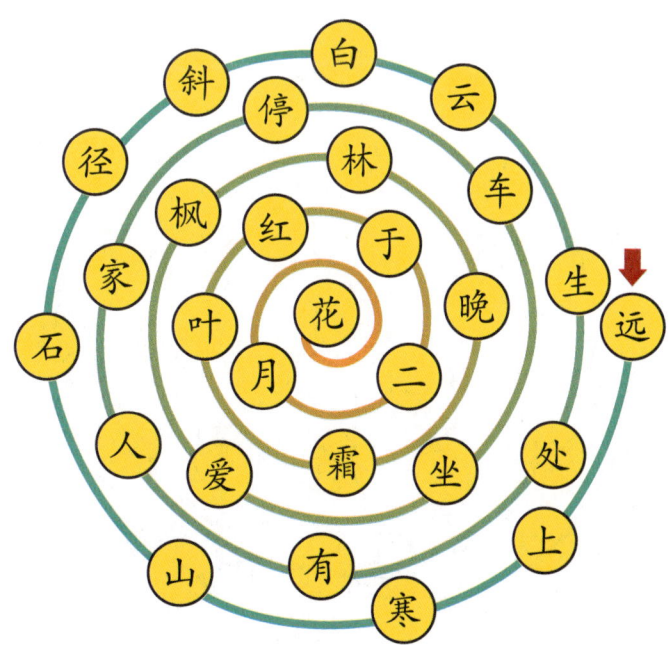

### 训练七　　　　　[唐]杜甫《春望》

国破山河在，城春草木深。感时花溅泪，恨别鸟惊心。烽火连三月，家书抵万金。

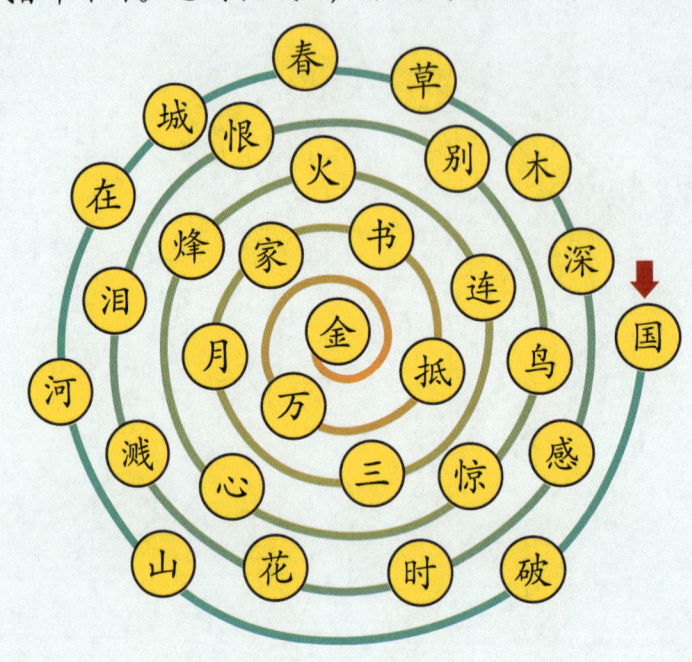

### 训练八　　　　　[唐]李白《望庐山瀑布》

日照香炉生紫烟，遥看瀑布挂前川。飞流直下三千尺，疑是银河落九天。

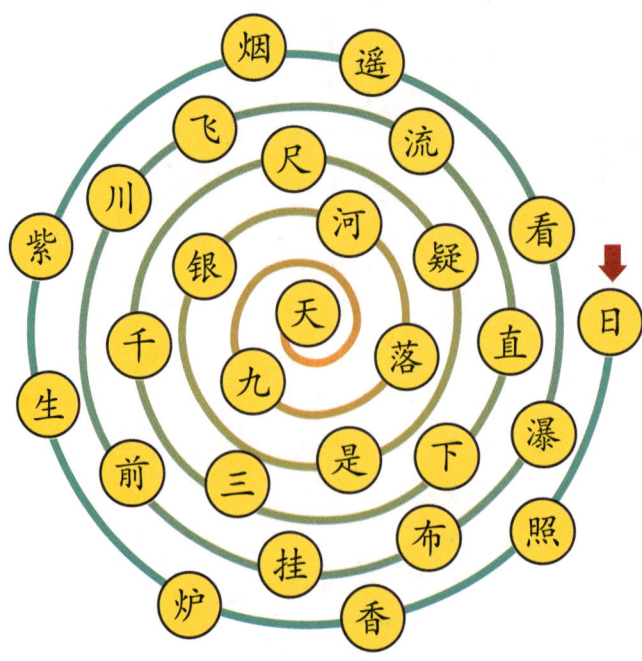

## 训练九

[唐]杜甫《绝句》

两个黄鹂鸣翠柳，一行白鹭上青天。窗含西岭千秋雪，门泊东吴万里船。

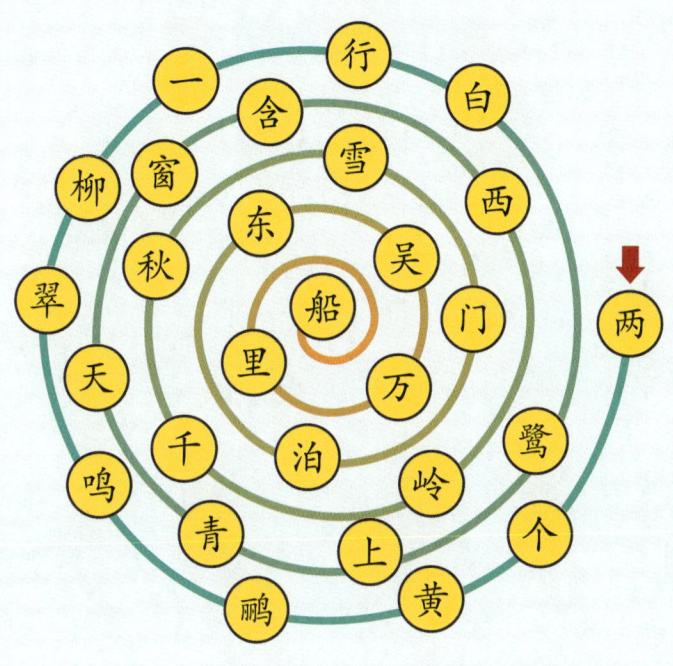

## 训练十

[清]高鼎《村居》

草长莺飞二月天，拂堤杨柳醉春烟。儿童散学归来早，忙趁东风放纸鸢。

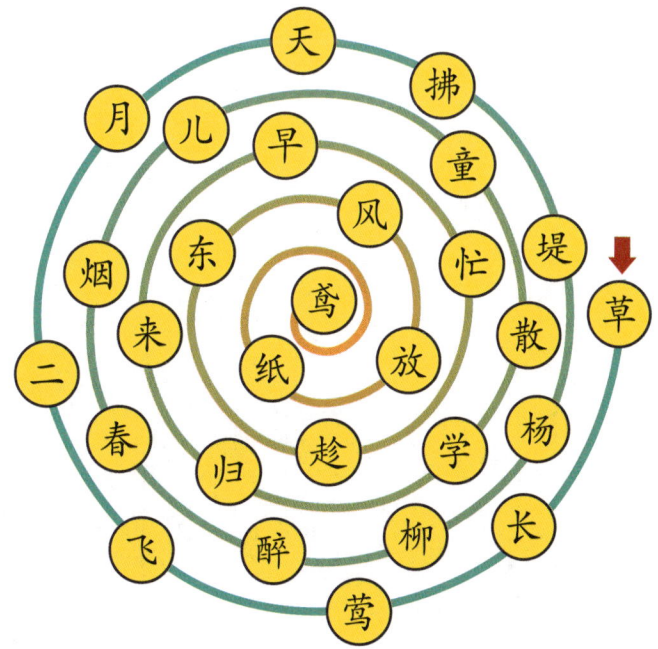

# 视觉协调能力

解决的问题：抄错字、写漏字、身体反应速度慢
准备的材料：训练资料、笔、计时器

# 视觉协调能力　训练说明

孩子在抄写时，看到的明明是正确文字，写在纸上却是错误的，会出现笔画错漏或少字符的现象，这是视觉协调能力欠佳的典型表现。

除此之外，如果孩子在日常生活中表现出四肢协调能力弱，或身体反应速度慢，也跟视觉协调能力差有很大关系。

视觉协调能力的训练，主要是针对视觉与大脑反应、身体协调一致的强化练习。通过对相似、相近的图形进行准确辨析，培养孩子细心观察、善于思考的能力。

在有效的训练下，孩子不仅能逐渐改善在抄写时错字、漏字、跳行的情况，更能增强四肢和手、眼、脑的协调性。

本训练课由易到难，可先完成初阶训练，再进行进阶训练。也可由孩子自行选择当天要训练的内容，建议每天训练时长不少于15分钟。

坚持训练，注意力提升看得见！

让我们和孩子一起成长，一起精彩！

# 训练方法

**玩法一　字帖临摹**

**训练要求：** 请小朋友**根据上方的图形或文字，分别在下方空白方格中按对应顺序填写完整。**

**训练目标：** 正确率越高、完成的时间越短越好。

**训练一**

| 1 | 贝 | 比 | 灬 | 长 | 车 | 歹 | 斗 | 厄 | 方 | 风 |
|---|---|---|---|---|---|---|---|---|---|---|
| 2 | 父 | 戈 | 北 | 户 | 火 | 旡 | 见 | 厅 | 爿 | 毛 |
| 3 | 木 | 牛 | 牜 | 爿 | 片 | 攴 | 攵 | 气 | 欠 | 犬 |
| 4 | 日 | 氏 | 衤 | 手 | 殳 | 水 | 瓦 | 王 | 韦 | 文 |
| 1 |   |   |   |   |   |   |   |   |   |   |
| 2 |   |   |   |   |   |   |   |   |   |   |
| 3 |   |   |   |   |   |   |   |   |   |   |
| 4 |   |   |   |   |   |   |   |   |   |   |

**训练二**

| 1 | 无 | 毋 | 心 | 穴 | 牙 | 爻 | 曰 | 月 | 罒 | 攴 |
|---|---|---|---|---|---|---|---|---|---|---|
| 2 | 止 | 爪 | 白 | 癶 | 甘 | 瓜 | 禾 | 钅 | 立 | 龙 |
| 3 | 矛 | 皿 | 母 | 目 | 广 | 鸟 | 皮 | 生 | 石 | 矢 |
| 4 | 示 | 罒 | 田 | 玄 | 疋 | 业 | 衤 | 用 | 玉 | 臣 |
| 1 |   |   |   |   |   |   |   |   |   |   |
| 2 |   |   |   |   |   |   |   |   |   |   |
| 3 |   |   |   |   |   |   |   |   |   |   |
| 4 |   |   |   |   |   |   |   |   |   |   |

视觉协调

**训练三**

| 1 | ㄣ | ㄠ | ㄜ | ㄣ | ㄠ | ㄠ | ㄟ | ㄠ | ㄠ | ㄠ |
|---|---|---|---|---|---|---|---|---|---|---|
| 2 | ㄠ | ㄠ | ㄠ | ㄠ | ㄠ | ㄠ | ㄠ | ㄠ | ㄠ | ㄠ |
| 3 | ㄠ | ㄠ | ㄠ | ㄠ | ㄠ | ㄠ | ㄠ | ㄠ | ㄠ | ㄠ |
| 4 | ㄠ | ㄠ | ㄠ | ㄠ | ㄠ | ㄠ | ㄠ | ㄠ | ㄠ | ㄠ |
| 5 | ㄠ | ㄠ | ㄠ | ㄠ | ㄠ | ㄠ | ㄠ | ㄠ | ㄠ | ㄠ |
| 1 | | | | | | | | | | |
| 2 | | | | | | | | | | |
| 3 | | | | | | | | | | |
| 4 | | | | | | | | | | |
| 5 | | | | | | | | | | |

**训练四**

| 1 | 禾 | 本 | 未 | 末 | 木 | 术 | 禾 | 本 | 未 | 术 |
|---|---|---|---|---|---|---|---|---|---|---|
| 2 | 本 | 未 | 末 | 术 | 禾 | 本 | 未 | 禾 | 本 | 末 |
| 3 | 木 | 禾 | 本 | 未 | 术 | 未 | 术 | 末 | 木 | 禾 |
| 4 | 末 | 木 | 术 | 木 | 未 | 禾 | 本 | 木 | 术 | 未 |
| 5 | 禾 | 未 | 末 | 末 | 禾 | 术 | 未 | 木 | 木 | 未 |
| 1 | | | | | | | | | | |
| 2 | | | | | | | | | | |
| 3 | | | | | | | | | | |
| 4 | | | | | | | | | | |
| 5 | | | | | | | | | | |

视觉协调

**训练五**

| 1 | 木 | 术 | 禾 | 本 | 未 | 末 | 木 | 术 | 禾 | 本 |
|---|---|---|---|---|---|---|---|---|---|---|
| 2 | 未 | 末 | 术 | 禾 | 木 | 本 | 未 | 末 | 木 | 术 |
| 3 | 术 | 禾 | 本 | 未 | 末 | 木 | 术 | 禾 | 本 | 末 |
| 4 | 未 | 末 | 未 | 本 | 禾 | 术 | 木 | 术 | 禾 | 本 |
| 5 | 术 | 术 | 本 | 禾 | 木 | 木 | 木 | 禾 | 木 | 本 |
| 1 |  |  |  |  |  |  |  |  |  |  |
| 2 |  |  |  |  |  |  |  |  |  |  |
| 3 |  |  |  |  |  |  |  |  |  |  |
| 4 |  |  |  |  |  |  |  |  |  |  |
| 5 |  |  |  |  |  |  |  |  |  |  |

**训练六**

| 1 | ┼ | ╈ | ╄ | ╇ | ╅ | ╈ | ╈ | ╈ | ╈ | ╈ |
|---|---|---|---|---|---|---|---|---|---|---|
| 2 | ╈ | ╈ | ╈ | ╈ | ╈ | ╈ | ╈ | ╈ | ╈ | ╈ |
| 3 | ╈ | ╈ | ╈ | ╈ | ╈ | ╈ | ╈ | ╈ | ╈ | ╈ |
| 4 | ╈ | ╈ | ╈ | ╈ | ╈ | ╈ | ╈ | ╈ | ╈ | ╈ |
| 5 | ╈ | ╈ | ╈ | ╈ | ╈ | ╈ | ╈ | ╈ | ╈ | ╈ |
| 1 |  |  |  |  |  |  |  |  |  |  |
| 2 |  |  |  |  |  |  |  |  |  |  |
| 3 |  |  |  |  |  |  |  |  |  |  |
| 4 |  |  |  |  |  |  |  |  |  |  |
| 5 |  |  |  |  |  |  |  |  |  |  |

视觉协调

**训练七**

| 1 | M | Ɛ | W | M | Ɛ | Ɛ | Ɛ | M | W | Ɛ |
|---|---|---|---|---|---|---|---|---|---|---|
| 2 | M | Ɛ | M | W | M | W | Ɛ | Ɛ | Ɛ | W |
| 3 | Ɛ | M | Ɛ | Ɛ | W | M | Ɛ | Ɛ | M | Ɛ |
| 4 | M | W | Ɛ | M | Ɛ | M | Ɛ | Ɛ | W | Ɛ |
| 5 | M | M | Ɛ | M | W | Ɛ | Ɛ | M | Ɛ | Ɛ |
| 1 | | | | | | | | | | |
| 2 | | | | | | | | | | |
| 3 | | | | | | | | | | |
| 4 | | | | | | | | | | |
| 5 | | | | | | | | | | |

**训练八**

| 1 | Ɛ | Ɛ | M | Ɛ | Ɛ | Ɛ | M | W | Ɛ | M |
|---|---|---|---|---|---|---|---|---|---|---|
| 2 | W | M | Ɛ | M | Ɛ | Ɛ | W | M | Ɛ | Ɛ |
| 3 | Ɛ | Ɛ | M | W | Ɛ | W | M | Ɛ | M | W |
| 4 | Ɛ | Ɛ | Ɛ | W | M | Ɛ | Ɛ | M | W | M |
| 5 | W | Ɛ | M | M | Ɛ | Ɛ | M | Ɛ | Ɛ | M |
| 1 | | | | | | | | | | |
| 2 | | | | | | | | | | |
| 3 | | | | | | | | | | |
| 4 | | | | | | | | | | |
| 5 | | | | | | | | | | |

视觉协调

**训练九**

| 1 | 饶 | 绕 | 浇 | 绕 | 挠 | 烧 | 挠 | 烧 | 饶 | 浇 |
|---|---|---|---|---|---|---|---|---|---|---|
| 2 | 挠 | 烧 | 浇 | 饶 | 绕 | 饶 | 烧 | 浇 | 挠 | 绕 |
| 3 | 绕 | 浇 | 绕 | 挠 | 饶 | 挠 | 烧 | 浇 | 饶 | 烧 |
| 4 | 浇 | 饶 | 绕 | 饶 | 挠 | 烧 | 绕 | 烧 | 浇 | 挠 |
| 5 | 挠 | 浇 | 绕 | 饶 | 绕 | 饶 | 烧 | 浇 | 挠 | 挠 |
| 1 |   |   |   |   |   |   |   |   |   |   |
| 2 |   |   |   |   |   |   |   |   |   |   |
| 3 |   |   |   |   |   |   |   |   |   |   |
| 4 |   |   |   |   |   |   |   |   |   |   |
| 5 |   |   |   |   |   |   |   |   |   |   |

**训练十**

| 1 | 饶 | 挠 | 烧 | 浇 | 绕 | 绕 | 烧 | 浇 | 挠 | 饶 |
|---|---|---|---|---|---|---|---|---|---|---|
| 2 | 浇 | 饶 | 绕 | 挠 | 烧 | 浇 | 饶 | 绕 | 烧 | 挠 |
| 3 | 浇 | 挠 | 绕 | 烧 | 饶 | 挠 | 绕 | 浇 | 饶 | 烧 |
| 4 | 挠 | 饶 | 浇 | 绕 | 烧 | 饶 | 烧 | 浇 | 挠 | 绕 |
| 5 | 浇 | 饶 | 绕 | 挠 | 烧 | 绕 | 饶 | 浇 | 饶 | 挠 |
| 1 |   |   |   |   |   |   |   |   |   |   |
| 2 |   |   |   |   |   |   |   |   |   |   |
| 3 |   |   |   |   |   |   |   |   |   |   |
| 4 |   |   |   |   |   |   |   |   |   |   |
| 5 |   |   |   |   |   |   |   |   |   |   |

## 训练十一

| 1 | 土 | 王 | 土 | 干 | 土 | 千 | 干 | 王 | 千 | 土 |
|---|---|---|---|---|---|---|---|---|---|---|
| 2 | 干 | 千 | 土 | 土 | 干 | 千 | 王 | 土 | 王 | 土 |
| 3 | 千 | 土 | 干 | 土 | 土 | 王 | 干 | 土 | 王 | 千 |
| 4 | 王 | 土 | 王 | 干 | 千 | 土 | 土 | 土 | 千 | 干 |
| 5 | 王 | 土 | 王 | 土 | 干 | 千 | 王 | 土 | 王 | 干 |
| 1 | | | | | | | | | | |
| 2 | | | | | | | | | | |
| 3 | | | | | | | | | | |
| 4 | | | | | | | | | | |
| 5 | | | | | | | | | | |

## 训练十二

| 1 | 干 | 土 | 王 | 千 | 土 | 土 | 干 | 土 | 千 | 王 |
|---|---|---|---|---|---|---|---|---|---|---|
| 2 | 土 | 土 | 千 | 干 | 土 | 土 | 千 | 干 | 王 | 王 |
| 3 | 土 | 千 | 土 | 干 | 土 | 王 | 王 | 土 | 千 | 干 |
| 4 | 千 | 土 | 土 | 王 | 干 | 王 | 土 | 千 | 干 | 土 |
| 5 | 土 | 土 | 王 | 干 | 土 | 王 | 千 | 干 | 干 | 土 |
| 1 | | | | | | | | | | |
| 2 | | | | | | | | | | |
| 3 | | | | | | | | | | |
| 4 | | | | | | | | | | |
| 5 | | | | | | | | | | |

视觉协调

## 玩法二  镜子卡画画

**训练要求：** 小朋友**根据左边的图形，用铅笔在右边的空格内画出图形对称的另一半。**

**训练目标：** 补充的图形越相似越好。

### 训练一

### 训练二

### 训练三

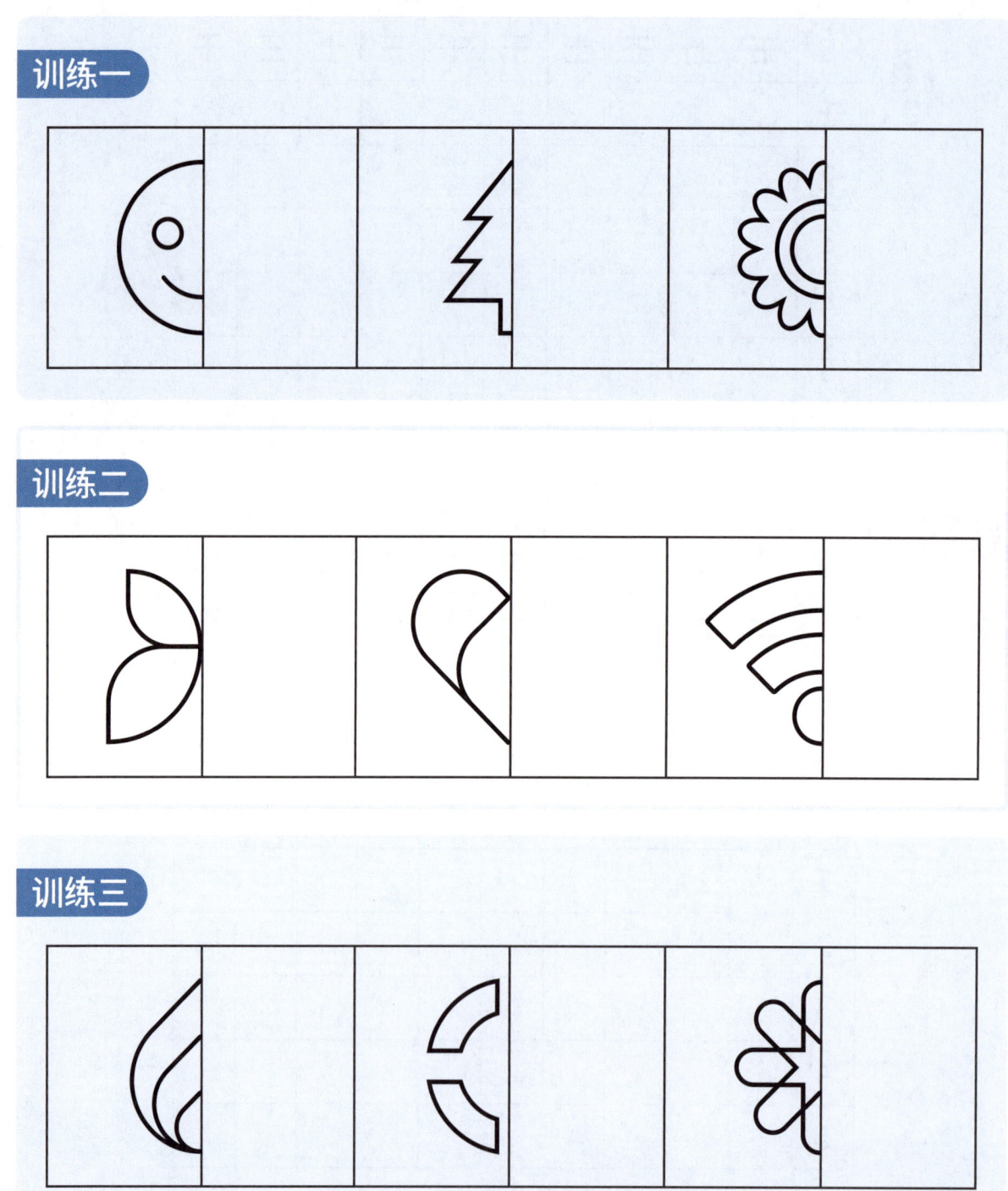

## 训练四

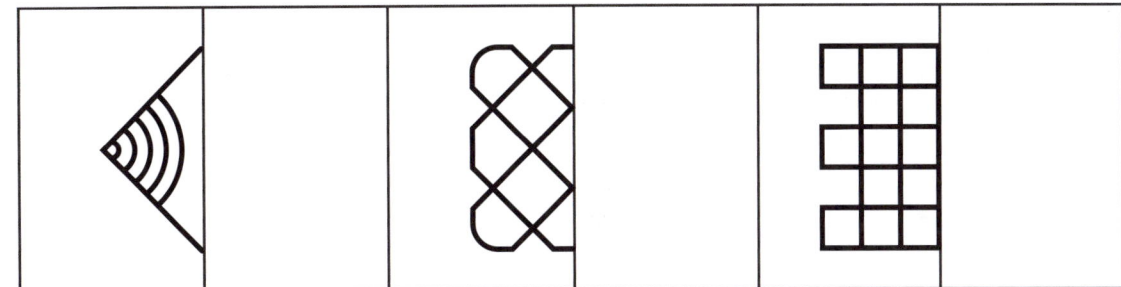

## 训练五

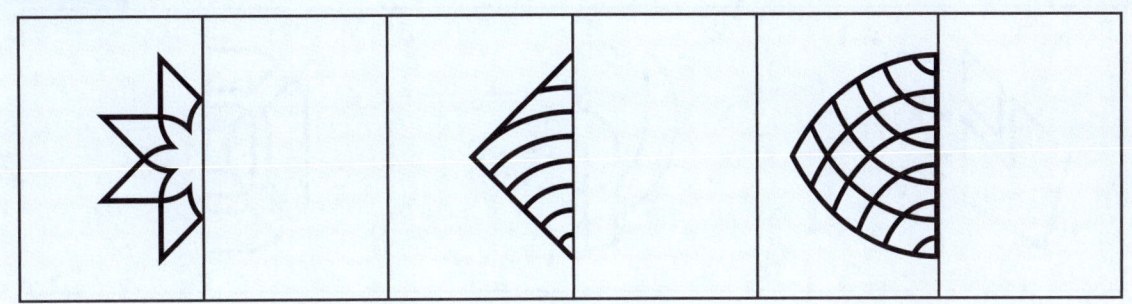

## 训练六

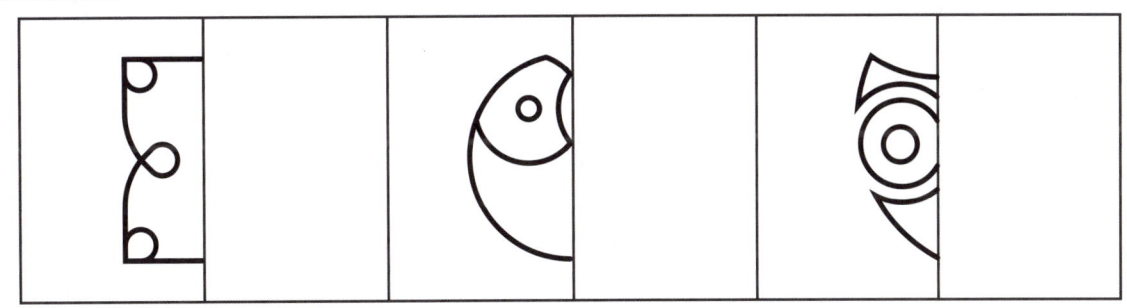

## 训练七

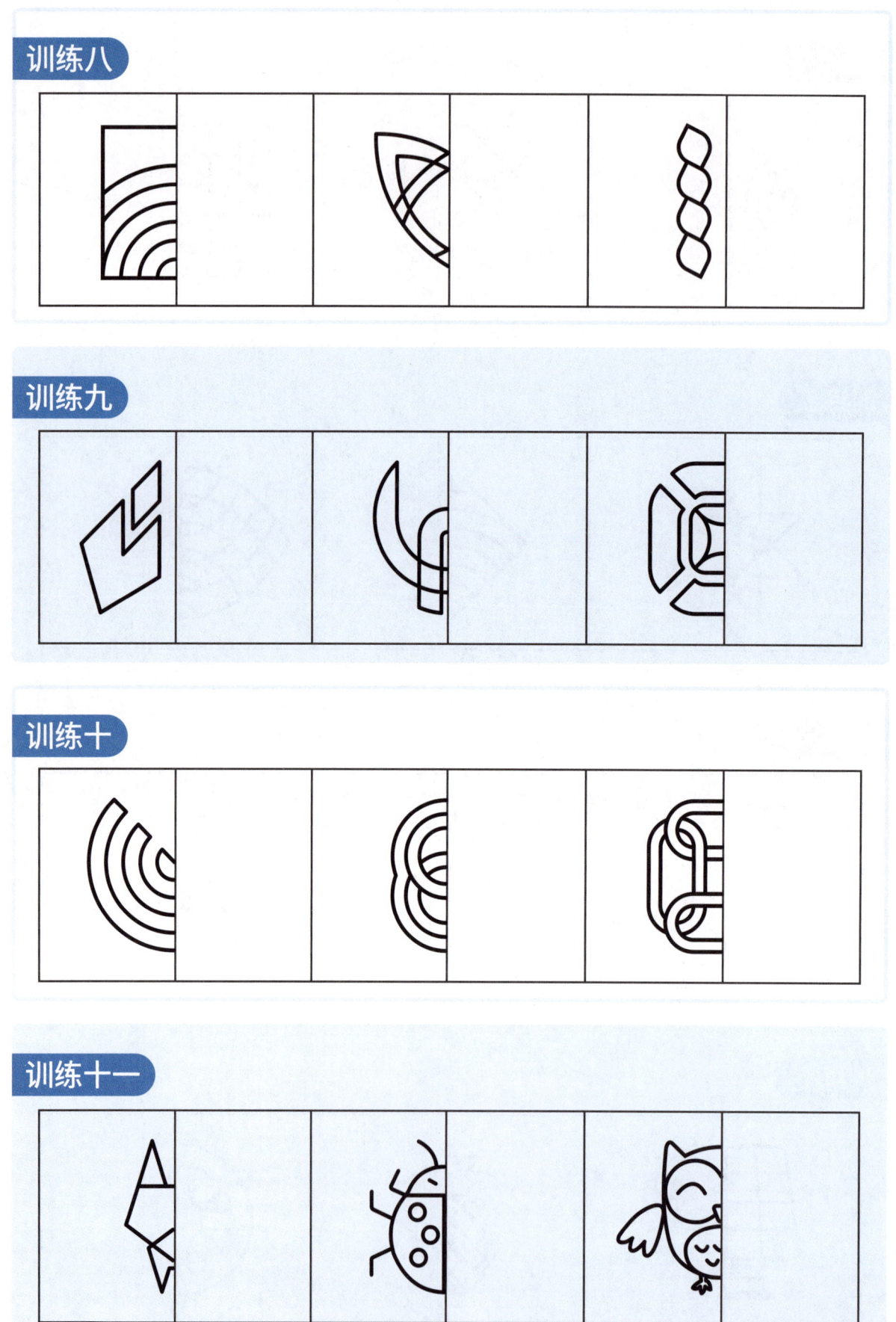

**玩法三** 玩会小游戏

**训练要求：家长孩子一起参与游戏，**训练说明中给出的"动作示例"可以参考，所有游戏动作都可以由小朋友和家长来制订，由易到难，快乐训练！

**训练目标：**享受互动游戏的亲子时光，在不知不觉中提高孩子的手眼脑协调能力。

**训练一**

## 擦镜子

游戏玩法说明：

1.孩子站在家长对面，当家长的一面"镜子"。

2.家长做出一个动作，要求孩子做出家长的"镜像"动作。

3.家长也可以和孩子交换角色，由家长做孩子的一面"镜子"。

动作示例：家长举起右手，孩子就举起左手。

参考动作：

1.家长做出左手擦镜子的动作。

2.家长右手捏住左耳，左手比"耶"。

3.家长双手环胸，左手搭在右手上方。

4.家长左手叉腰，右手遮住左眼。

5.家长左手出"剪刀"，右手出"石头"，左脚向后迈一步。

6.家长右脚抬起，左手叉腰。

7.家长向右转一圈，双手举起握住耳朵。

8.家长左脚向前迈一步，双手举起，左手掌心朝外，右手掌心朝内。

## 训练二　颜色有动作

**游戏玩法说明：**

1. 准备3~6张纸，分别在纸上写下代表不同颜色的字，如红、橙、黄、绿、蓝、紫……或者直接备好对应颜色的彩纸。

2. 每一个字代表一个动作，如："红"字拍手1下、"橙"向前一步、"黄"拍手2下、"绿"向后一步、"蓝"向上跳一下、"紫"原地转一圈……

3. 家长先为孩子介绍每一个颜色的动作，然后任意举起一张纸，让孩子做出相应的动作。

4. 家长也可以和孩子交换角色，由孩子出题，家长做出相应的动作，一起比赛。

## 训练三　扑克牌小游戏

**游戏玩法说明：**

1. 准备从A到K，一共13张扑克牌。

2. 家长将牌打乱，正面朝下。

3. 从寻找A开始，家长先开始翻牌，如果翻开的牌是A，家长和小朋友谁先拍到A，A就属于谁；如果翻开的牌不是A，则换小朋友翻牌，家长和孩子轮流翻牌，直到翻到A，最先拍到牌的人获得A结束。

4. A被找到后，将剩下的牌重新打乱，开始找2、3……一直找到K结束。

5. 游戏结束后，谁手里的牌多，谁就是获胜一方。

## 训练四

# 传球

**游戏玩法说明：**

1.准备一个皮球（排球、足球、篮球都可以）。

2.家长将手中的球，以不同的方式传给小朋友，小朋友根据家长传球的方式，做出相应的动作来接球。

3.家长也可以和孩子交换角色，由孩子传球给家长接。

**动作示例：**

1.家长将球拍1下，传出去，小朋友用左手接球。

2.家长将球拍2下，传出去，小朋友用右手接球。

3.家长将球从左手传到右手，再传出去，小朋友拍1下手，再双手接。

4.家长将球从右手传到左手，再传出去，小朋友向前迈一步，左手接球。

5.家长原地转一圈，左手传球，小朋友向前迈一步，右手接球。

6.家长将球拍1下，由左手传到右手，再传出去，小朋友拍2下手，双手接球。

7.家长将球拍2下，由右手传到左手，再传出去，小朋友双手接球。

8.家长双手将球举过头顶，转一圈，将球拍1下，再传出去，小朋友双手接球。

9.将球围绕身体传一圈，左手拍3下，右手拍1下，再传出去，小朋友原地跳一下，再左手接球。

## 训练五  向前向后跳

**游戏玩法说明：**

1.家长准备4个类别的词卡卡片或空白卡，比如水果、动物、文具、交通工具等卡片，如果是空白卡，在卡上写下"苹果""橘子""香蕉""老虎""狮子""大象""铅笔""圆珠笔"……

2.将纸的顺序打乱，随机展示。

3.家长也可以和孩子交换角色，由孩子展示内容，家长做出相应的动作。

**动作示例：**

1.如果家长展示的纸上写的名词是水果，则要求孩子向前跳一步，双手击掌1次。

2.如果家长展示的纸上写的名词是动物，则要求孩子向后跳一步，双手击掌2次。

3.如果家长展示的纸上写的名词是文具，则要求孩子向前跳一步，左脚抬起，右脚落地，双手击掌1次。

4.如果家长展示的纸上写的名词是交通工具，则要求孩子原地跳一下，右脚抬起，左脚落地，双手击掌2次。